JN138893

東京パン職人

Beretta

雷鳥社

はじめに

「パンは生きている」。

日々、パンを作り続けるパン職人たちは、口を揃えるようにそう語る。酵母によって発酵させる過程でパンが膨らむ様が、まるで生き物のようだからだ。

日本にパンが伝わったのは16世紀。ポルトガルの宣教師によって鉄砲とともに伝来したといわれる。その後、鎖国により庶民のあいだに広まることはなかったが、明治の文明開化以降、次第に日本の食卓に定着していった。

いまや専門店以外のスーパーやコンビニなどでも気軽に買える時代になり、日本人1人あたりのパン消費量は年間およそ15kg。国内約10000軒、東京だけでも1000軒余りのパン屋が店を構える。

2011年度の総務省家計調査では1世帯当たりのパンの購入金額がはじめて米を上回った。加工品であるパンと原材料である米の購入金額による比較であるため、一概に日本人が米よりパンを食べているといえるものではない。しかし、日本人は米に勝るとも劣らないほどにパン好きな国民であることは間違いないだろう。

パンといえばフランスやドイツが本場であるが、日本も負けていない。あるパン職人は「同じ素材、同じ器具を使っても日本人は丁寧で器用で繊細。日本人の作るパンは世界一、美味しい」と語るほどだ。

本書は、数多くのパン屋が出店し、しのぎを削る東京近郊でパンを作ることを生業とし、パンと向き合う日々を送る47人の物語である。

手間や時間を惜しまずベストなパンを作り続ける

VIRON MARUNOUCHI

住所：東京都千代田丸の内2-7-3東京ビルTOKIA1階
電話：03-5220-7288
最寄駅：東京駅
営業時間：10時〜21時
定休日：不定休
創業：2003年

上：オシャレな雰囲気を思い出させるヨーロッパのカフェの様な外観。

外国人ビジネスマンや観光客も多く訪れる東京駅。有名ビルが立ち並ぶ一角にヨーロッパの町並みを思わせるオシャレなパン屋がある。店の名は「VIRON」。丸の内と渋谷に店舗を構える人気店だ。店内には、店構えに勝るとも劣らない美味しそうで、品のあるパンが並んでいる。

「もっとも大事にしていることは、美味しいパンをしっかりと作ることです。しっかりとパンを作れば、味はもちろん、見た目にも躍動感が出てくる」と語ってくれたのは、シェフブーランジェとして働く荘司直人さん（36歳）だ。

写真・文：齋野奈津子

「セーブル・ノア・レザン」（540円）。
小さいサイズの「セーブル・ノア・レザン・ドゥミ」（270円）もある。

「クロワッサン」（346円）。

高校卒業後、パン屋でアルバイトをはじめたことがきっかけで、この世界に入った荘司さん。アルバイト時代にパン作りの仕事に触れ、パン職人として生きていくことを決めたという。26歳のとき、「VIRON」に入社。「この店のパンを食べて、自分もこんなパンを作りたい」という思いからだった。

「VIRON」では、厨房を6人で回している。2台ある窯に1人ずつ。サンドイッチに2人。そして成形担当が1人だ。荘司さんは主に成形を担当している。成形は仕込みの生地を含め、工程全体をしっかり見ることができるポジションなのだという。

素材は産地を限定せず、良いものを厳選して使う。その中でもフランスから取り寄せた小麦粉レトロドールはこだわりの素材だ。風味が良く、外はカリッと中はモチッとした食感に焼き上がるのが特徴だという。発酵は一晩、冷蔵庫で寝かせるオーバーナイトと呼ばれる手法で行う。16時間~18時間かけて熟成させることで、素材の風味、甘味がより一層増す。

「オーバーナイトは、手間と時間がかかりますが、もっとも美味くパンを作るため、この方法を選んでいます」。

「VIRON」で10年働く荘司さんも、小麦粉が新たな年のものに切り替わるときは毎年大変だと語る。「小麦粉の具合を確認し、熟成の時間や水分量を変えていかないと同じものを作ることはできません。そういった中で自分の思い通りのパンを作れたときは、嬉しいですね」と苦労の中にも、やりがいを見出す。

「自分のベストのものを作り続ける。そこだけですね」という荘司さんの言葉からは、パンに対する真っすぐな思いが伝わってくる。

右：フランス直輸入、こだわりの小麦粉「レトロドール」。左：厨房の様子。ここから「VIRON」の美味しいパンが生まれる。

創業95年を誇る下町の名店
双子のおじいちゃんのパン屋さん

サンドウィッチパーラー　まつむら　人形町本店

住所：東京都中央区日本橋人形町1-14-4
電話：03-3666-3424
URL：http://sandwich-parlor-matsumura.com/
代表者：松村実
最寄駅：水天宮前駅／人形町駅
営業時間：月〜金7時〜18時／土 7〜15時
定休日：日曜、祝日
創業：1921年

上：店舗外観。下：サンドウィッチ担当の牧子さん。瞬く間にサンドウィッチを完成させる。

「いらっしゃいませ〜」店に入ると、双子の松村守夫さん（83歳）、民夫さん（83歳）兄弟が迎えてくれる。安産祈願で有名な水天宮からほど近くの「まつむら」には人形町の老舗店主も足繁く通う。多くの常連や観光客が来店するこの店は、閉店まで客が途切れることはない。

「まつむら」は守夫さんと民夫さんの伯父が創業した。18歳の頃から店を手伝っていた二人は大学卒業後、そのまま店に入る。二人の父親が店を継いだ後、双子の「まつむら」が誕生した。

写真・文：小野寺史

あんことピーナッツの「仲良しコンビ」（180円）。

arlor
URA
パン
ま
まつむら
まつむら

松村民夫さん（左）と松村守夫さん（右）。ほとんど喧嘩しないという仲良しの二人。

「クロワッサンケーキ（1／8カット）」(200円)。
上：胚芽、下：チョコ。カットしていないホールサイズもある。(180円)。

「まつむら」の店舗は、創業当時、甘酒横丁の近くにあり「まつむらパン」という店名だった。1923年の関東大震災後、区画整理のため、現在の場所へ移転。2～3回の改装を重ね約30席のイートインスペースが併設され、現在の「サンドウィッチパーラーまつむら」となった。当時はイートインスペースが珍しく、多くのパン屋が視察に訪れていたという。

御年80歳を超える双子の守夫さん、民夫さんは早朝からパンの成型を行う。「もう年だから、捏ねたりするのは大変でね～」と守夫さんは笑う。個性的な惣菜パンに目移りしていると「珍しいパンが多いでしょう?」と守夫さんの奥さんである牧子さんが声を掛けてくれる。看板娘の牧子さんは15歳の頃から「まつむら」で働いており、二人の先輩だ。店頭のパンを管理しながら、絶妙のタイミングでサンドウィッチを作る。

サンドウィッチ以外にもオリジナルのパンは多い。手作りのクリームがたっぷり入っているクリームパンは、砂糖が貴重だった戦後から続く伝統の味。小豆餡とピーナッツクリームが半分ずつ塗られている仲良しコンビも人気のパンだ。「厚切りの食パンの裏には切れ目が入れられ、半分に折ってパクッと食べられるの」と牧子さんが教えてくれた。クロワッサンケーキは、ほんのり甘いカステラをしっとりとしたクロワッサン生地が包む、他にはないパンだ。「まつむら」では惣菜パンに使用するドレッシングやピーナッツクリームなども自家製。伝統を受け継ぐパンとともに、味と素材にこだわって開発された新しいパンが楽しめる。

関東大震災、東京大空襲を乗り越え、歴史と共に歩んできた「まつむら」。江戸の風情を残す人形町には、今日も守夫さん、民夫さんの声が響き渡る。

右:クリームパン(120円)。
左:ちくわドッグ(165円)。

あくなき探究心によって生まれた受け継がれる親子二代の味

ボワ・ド・ヴァンセンヌ

住所：東京都新宿区早稲田町5
電話：03-3209-1531
URL：bois-de-vincennes.com/
代表者：倉林真之介
最寄駅：早稲田駅
営業時間：8時～19時
定休日：日曜
創業年：2008年

オシャレなガラス扉を開けるとパンのいい香りが漂う。下：岩手時代に友人が南部鉄器で作ってくれた先代の像。

東西線、早稲田駅の一番出口から早稲田通りを神楽坂方面へ2、3分歩くと、大きな窓ガラスと赤い屋根が印象的なパリの洋菓子店を思わせるパン屋が現れる。

「ボワ・ド・ヴァンセンヌ」の店主・倉林真之介さん（35歳）は、早稲田で生まれ育ち、父がパン屋を経営していたことからパン屋になることを志す。伝統的なドイツパンで名高い神楽坂の「ベッカー」で2年間修行したのち、父が開業したこの店で働きはじめた。先代が亡くなってから二代目としてこの店を守っている。

写真・文：堀由実

厨房で作業をする店主の倉林真之介さん。

de campagne
Température
Pétrissage: 18
vitesse rapide
Pointage: 2 h
Apprêt: 1 h
Cuisson: 40 à
Réalisation
il est
fermentation
ceci joue un grand
dans la conservation
il est souhaitable de pétrir
ingrédients: farine-eau-sel-levure-matière
malt et d'incorporer ensuite la pâte fermentée.
伝統的なフランスのパンとお菓子
ボワドヴァンセンヌ

左「バゲットヴァンセンヌ」（1本300円）。右「ヴァイツェンミッシュブロート」（147円/100g）。

創業者である真之介さんの父、秀明さんはパン好きが高じて地元、早稲田でパン屋を開業。その探究心の強さから、40歳を過ぎて当時まだ12歳の真之介さんを連れてパリで2年間の修行をはじめた。

現在の店名になっている「ボワ・ド・ヴァンセンヌ」は、パリの東にある森の名前で、倉林さん一家がこの近くに住んでいたことから名づけられた。

パリでの修行を終えた倉林さん一家は、早稲田には戻らず、自然食品、無農薬にこだわった国産小麦を求めて岩手に移り住む。秀明さんは、そこで無農薬の岩手南部小麦を使ったパン作りをはじめることになる。

国産小麦はグルテンが弱く、成形など綺麗に仕上げるのがむずかしい。何度も配合の研究を重ねた末、国産小麦で改善剤を使わずに作る方法を編み出した。その手法は真之介さんが大切に受け継いでいる。

その後、岩手から早稲田に戻った秀明さんは「ボワ・ド・ヴァンセンヌ」をオープンした。現在、「ボワ・ド・ヴァンセンヌ」では、真之介さんが、ほぼ1人でパンを焼いている。先代から受け継いだ味を素に日々、新商品の構想を練っている。仕込みをはじめるのは驚きの午前0時からだという。あくなき探究心は、秀明さん譲りだ。

店のロゴをかたどっている楕円形のパンは、ライ麦を使ったドイツパン。歯ごたえと酸味に特徴があり、ハムやチーズ、ワインによく合う。店名を冠したバゲットヴァンセンヌは、天然酵母を使用していて口溶けが良く、本場パリの味と同じ風味が楽しめる一品だ。

先代より受け継いだ本場の味を真之介さんが昇華させ、また新たな味を生み出す。「ボワ・ド・ヴァンセンヌ」親子二代の味をぜひお試しいただきたい。

右：「パン・ド・カンパーニュ」(125円/100g)「ほうれん草と松の実オリーブ入りのパン」(160円)「サンドイッチ」(各290円)。左：麦の穂の形をした「ベーコン・エピ」(200円)。

猫好き必見
甘くて可愛いチョココロネ

パン家のどん助

住所：東京都新宿区新宿7‐13‐3
電話：03‐3203‐6671
代表者：齋藤建太郎
最寄駅：東新宿駅
営業時間：7時30分〜18時30分
定休日：日曜・月曜
創業：2001年

上：大きな木の看板が特徴的な店舗外観。下：「チョココロネ」（150円）。

新宿の一駅隣、東新宿の駅から5分ほど歩くと、閑静な住宅街が現れる。賑やかな新宿駅から少し離れた静かなエリアに、ぽつとある懐かしい雰囲気の一軒のパン屋。屋根に掲げられた木の看板が味わい深い「パン家のどん助」だ。

季節によっては、まだ薄暗い早朝に開く店に、近所のお母さんやおじいさんがパンを求めてやってくる。正午ともなると、コロッケパン、サンドイッチ、焼きそばパンと数多くある食事パンを求めてビジネスマンも足を運ぶ。老若男女、幅広い層に親しまれる、町のパン屋を営むのは斉藤健太郎さん（39歳）だ。

写真・文：森川真由美

生地を成形していく店主の齋藤さん。

「黒ゴマあんぱん」（129 円）。

入り口の暖簾をくぐると、店の奥にある厨房がよく見える。17歳からパン屋でバイトをしていたという建太郎さんが、手際よく生地を成形していく。その表情は真剣だが、時折話をするときの笑顔がとても優しい。成形されたパンを窯に入れるのは奥さんのゆきさんだ。夫婦2人の手で多くの種類のパンが作り出されていく。

建太郎さんは、お父さんもパン職人。「父親の後を継ぐつもりではなかったのだが、気がついたら自分もやはりパンの道を選んでいた。やはりパンが好きなのだと思う」と話してくれた建太郎さん。お父さんの店があった場所が、今の「どん助」の場所だ。「どん助」という店名は、お店をはじめた当時、飼われていた愛猫の名前からとったものだ。猫のどん助は2014年に亡くなるまで、店の看板猫として多くの人に可愛がられた。

そんな「どん助」では、猫をモチーフとしたパンがいくつか販売されている。可愛らしい猫の形のビスケットがついたチョココロネは、外はパリっとしたチョコレートにコーティングされ、中にはたっぷりのチョコレートクリームが詰まっている。チョコレートの甘さが引き立つ、柔らかい食感が魅力的だ。

猫の手の形をモチーフとした黒ゴマあんパンも可愛い。丸い形が可愛らしく、パンの中にはぎっしりと詰まった餡子。口に入れると、黒ゴマの香ばしい風味が良いアクセントとなっている。他にも、変り種のカルピスバタークリームサンドや昔懐かしい惣菜パンのコロッケパンが大人気だ。

斉藤夫婦の阿吽の呼吸によって作られるパンはもちろん、どこか懐かしさを感じる店の空気感や2人の人柄が「どん助」の魅力なのだろう。

「コロッケパン」(172円)。

ビルの間から突然顔を出す
瓦屋根のかわいいパン屋さん

パーネエオリオ

住所：東京都文京区音羽1-20-13
電話：03-6902-0190
URL：http://paneeolio.co.jp/
代表者：小林照明
最寄駅：東京メトロ有楽町線／護国寺駅
営業時間：10時～18時
定休日：日曜、祝日
創業：2013年

下：細長いメロンパンと丸いメロンパンとクッキーの生地。

東京メトロ有楽町線、護国寺駅の講談社側の出口を出て音羽通りを神田川方面に進む。5分ほど歩くとビルとマンションの間から、瓦屋根の可愛らしい一軒家が顔をだす。この瓦屋根のお店が「パーネエオリオ」だ。イタリア語でパンとオリーブオイルを意味するその名の通り、イタリアパンのお店である。

店主の小林照明さん（41歳）は、アパレル業界で働いていたが、東日本大震災をきっかけに食の安全を考えるようになり、「子どものためにも安全な食べ物を自分で作っていきたい」とパン職人に転職した。

店主を支える奥さん。社長という肩書。

20-11

築 90 年以上の家屋を改装した店舗。

ロゼッタの生地をこねる店主。マーチャンダイザーという肩書

小林さんは、以前イタリアを訪れた際に食べたパンが「皮が薄く全体がサクサクしているのに、中身はもちもちで美味しかった」という理由からイタリアパンが大好きになった。友人が王子でイタリアパンの工場をやっていたこともあり、生まれ育った音羽の地でイタリアパンのお店を開くことを決意した。そこからは友人のイタリアパンの工場で修行し、本場イタリアへも修行に行き、持ち前の行動力で1年後には音羽に「パーネエオリオ」をオープンさせる。

開業するに当たり考えたのは持ち家である一軒家を活かすこと。この瓦屋根の一軒家は、関東大震災後に護国寺の宮大工が建てたもので90年以上前のものだという。屋根の梁をむき出しにした内装は空間が広く感じられ、開放的だ。

パンはイタリアそのままの製法で作ることに、こだわっている。小麦粉はイタリア産をメインに国産小麦粉をブレンドしたものを使用。また、国内では珍しく、開業時にイタリアから持ち込んだパネトーネ種という乳酸菌を毎日2、3回種継ぎしてリフレッシュさせて使っている。

看板商品であるパネトーネもこれを使ったパンで、イタリアでクリスマスケーキのかわりに食べられている。パネトーネ種を入れることで数か月間も日持ちする。

イタリアパンの醍醐味を味わうならロゼッタがおすすめだ。バラの花をモチーフにしたこのパンは、パリパリとした香ばしい皮がたまらない。中が空洞になっており、好みのものを挟んで食べることもできる。

最後に、店主の小林さんは、パン屋は一生できる仕事なので、安全で美味しいパンを作りながら食育に人生を捧げたい。最終的には、お店を通して地元の音羽通りをにぎやかな街にしていきたいと語っていた。

右：パリパリ食感が美味しい「ロゼッタ」(170円)。
左：：イタリアでクリスマスに食べられる発酵菓子、「パネトーネ」(直径15cm／3600円)。１０月から5月まで販売。

路地裏から愛を込めて老若男女をハッピーにするパン屋

ボンジュール・モジョモジョ

住所：東京都文京区根津2-33-2　七弥ハウス101
URL：http://www.bonjourmojo2.net/
代表者：大平由美
最寄駅：根津駅
営業時間：9時～売切まで
定休日：月曜、火曜＋不定休
創業：2011年

上：この看板が目印。ハッピーへの入り口である。下：常連ならではのバランス技。

東京メトロ根津駅1番出口のほど近く、狭い路地の入口に、見た人を矢印の指す方へと誘うモジョモジョ頭の女の子のイラスト看板がある。導かれるまま進むと、現れるのは、看板のイラストから飛び出たような女性が窓越しに営業する「ボンジュール・モジョモジョ」。対面販売によるテイクアウト専門の小さなパン屋だ。

笑顔が絶えない店主・大平由美さん（40歳）と、手作りパンが1個ずつ丁寧に包装されて並ぶその空気感は、不思議とハッピーな気持ちにさせてくれる。

笑顔がまぶしい店主・大平さんは根津の人気者である。

WELCOME

大人気の動物パン。右上から下に「はりねずみ（焼きカレー）」（180円）、「うさぎ（カスタードクリーム）」（200円）。「かめ（メロンクリーム）」（200円）。「タコ（ハムチーズ）」（180円）。「くま（つぶあん）」（180円）。「いも虫（つぶあん・いちごジャム・クリーム）」（200円）。

Bonjour
mojo²
9:00

「今日、うさぎある?」「ごめんね。売り切れた。ねこはあるよ」「じゃあ、ねこにする!」路地裏にある「ボンジュール・モジョモジョ」では、こんな楽しいやりとりが頻繁に行われている。

訪れるお客さんは、子ども連れのお父さん、お母さんやお年寄りまで様々だ。中には自転車で来てそのまま降りずに買い物をしていく常連客もいる。その光景は、パン屋にいることを忘れてしまうくらい和やかな気持ちにさせてくれる。

「ボンジュール・モジョモジョ」のパンは毎朝、陽が昇る前から、大平さんがすべて一人で焼いている。地元のマダムからも人気だという食パンやラスクも美味しいが、もっとも人気なのは、くまやうさぎ、タコなど、様々な動物の形を模した「動物パン」だ。ジャムやカスタードなどの入った甘いものから、ハムチーズや焼きカレーなど、総菜入りのものまで種類は豊富。常時、18種類ほどの動物たちに会えるという。

「一人でこれだけの種類を焼くのは大変だから、種類を減らそうかとも考えるんだけどね」と大平さんは笑顔でそう語るものの、毎日変わらずたくさん種類をつくる。

「老若男女いろんな人に、楽しく美味しく、パンを食べてもらいたい」そんな想いは、自身のトレードマークである髪型をイメージしてつけた店の名前にも込められている。

パンの味には、作り手の想いが現れる。今日も多くの人が、優しさが詰まった大平さんのパンを求めて「ボンジュール・モジョモジョ」に足を運ぶ。

人気のパンは、お昼前に売り切れることも。

こだわりの餡と楽しい創作餡
懐かしくて新しいあんぱんのお店

ホームベーカリー あんです MATOBA

住所：東京都台東区浅草３-３-２
電話：０３-３８７６-２５６９
代表者：的場敏江
最寄駅：浅草駅
営業時間：８時〜18時
定休日：日曜、祝日
創業：１９８０年

上：下町の古き良き風情を残す浅草寺のすぐ裏の言問通りに面した店舗。下：生地に自家製の餡を包む。日に約1000個のあんぱんを焼く。

賑やかなあんぱんが、ずらりと並ぶ店内は見ているだけでわくわくする。浅草寺のすぐ裏にある言問通りに面した店舗「あんです MATOBA」は、１９８０年創業の地元で愛されるパン屋だ。

常時、販売されているあんぱんは20種類以上。季節ごとに数種類が入れ替わる。定番のこしあんは割ると桜の花びらが出てきて、ふんわりと甘く香る。メロンパンも見た目は普通だが、中はメロンを思わせる鮮やかなうぐいす餡入り。栗あんぱんは栗の形で見た目も可愛らしい。

なぜ、あんぱんだけでこれだけの種類がつくれるのだろうか？

写真・文：太田梨奈

オーナーの的場敏江さん（前列左から二番目）と従業員の方々。

桜の花びらの入った、「こしあんぱん」（160円）。

「あんです」は1924年創業の製餡会社「的場製餡所」を母体としている。工場では30機以上の小さな釜で小豆を炊き、60種類以上もの餡子を製造している。小さな釜を使う理由は、餡子は少量ずつ作るのが美味しいというこだわりからだ。これが「あんです」のメニューの豊富さにつながっているのである。

実家がパン屋というオーナーの的場敏江さんに、餡子屋の息子である旦那さんが恋をして、結婚。あんぱん専門店の「あんです」が生まれたという、なんとも甘いお話だ。しかし、最初からあんぱん一本と決めていたわけではなかった。「最初は洋風の「ハイカラ」なパン屋を想像していました。ただ、そういったパン屋は競合もあり、得意なあんぱんに絞ったところ、ヘルシー志向の流れにも乗り、創作あんぱんが人気になったんです」と敏江さんは語る。

どこか懐かしい庶民的な下町パン屋の面影を残しながら、大手製パン会社とのコラボ商品開発などにも意欲的に取り組んでいる。「伝統」を守りながらも「進化」を続ける「あんです」。変わらぬ味とともに、これから生まれる新作のパンでも楽しませてくれるに違いない。

P46〜47の写真は写真は右上から下に「黒ごまきな粉」、「二色豆」、「白あんぱん（白いんげんこしあん）」、「京風あんぱん（小豆粒あん）」、「あんドーナツ」、「草団子あんぱん」、「抹茶あんぱん」、「コーヒーあんぱん」、「メロンあんぱん（うぐいすあん）」、「天津甘栗あんぱん」、「黒ごまあんぱん」、「シベリア」、「うぐいすあんぱん」、「かぼちゃあんぱん」、「「桜の花入りこしあん」、「焼き芋あんぱん」、「マロンあんぱん」、「小倉塩あんぱん」、「小倉フラワー」、「小倉あんぱん」。

右：可愛らしい栗の形をしたあんぱん。右が天津甘栗、左は日本の栗を使っている。どちらも白餡と栗を混ぜた栗餡（各160円）。

左：うぐいす餡入りの「メロンあんぱん」（160円）。

並んでも食べたい浅草の名物！外はサクサク、中はふんわり

浅草 花月堂

住所：東京都台東区浅草2-7-13
電話：03-3847-5251
URL：http://www.asakusa-kagetudo.com
代表者：結城義文
最寄駅：浅草駅
営業時間：9時〜売り切れまで
定休日：年中無休
創業：1945年

下：1階のイートインスペースでは出来立てのジャンボめろんぱんを食べることができる。

ふんわりと甘い香りにつられて浅草、浅草寺近くの商店街に入るとお店の前には人だかりができている。浅草にある「花月堂」は、多くのメディアにも取り上げられる注目のメロンパン屋だ。

看板商品のジャンボめろんぱんは、浅草本店だけでも一日に3000個が販売され、夕方近くには売り切れる人気ぶり。ジャンボというだけあって、大人の顔くらいの大きさがあるが、カリッとふんわりとした食感で女性でもあっという間に平らげてしまう美味しさだ。

写真・文：太田梨奈

焼きたての「ジャンボめろんぱん」。
焼き置きは一切しておらず、浅草本店では一日 3000 個を売り上げる。

抹茶と「ジャンボめろんぱん」。パン別売りで「抹茶とお茶菓子セット」（450円）。

花月堂の創業は昭和二十年、浅草に移転して十三年の老舗の甘味処。店主の結城義文さん（44歳）は大学で発酵学を専攻し、その後、小麦粉の研究に従事していたという製粉業のエキスパート。実は、結城さんがメロンパンを出すきっかけは、自身のパン嫌いであったという。パンの乾いた食感が苦手で、これまでの経験をいかしパサパサしない食感のパン作りを目指す事になった。そして、種類も子供からお年寄りまで好まれるメロンパン一本で勝負する事になった。

通常パンは40分~1時間程の発酵を行うが、花月堂のジャンボめろんぱんは約三時間と通常のパンの三倍もかける。低温長時間発酵する事できめの細かな生地となりふわふわのパンになるという。

納得するパンが完成後は、パンと蕎麦を出す甘味処から始め、当初パンの売上げは一日200個程度だったが、口コミで広がり、今では数千個となる人気商品となった。2015年の4月にジャンボめろんぱんが人気の為、蕎麦の提供が難しくなり、ジャンボめろんぱんと甘味処の現在の形なる。

ジャンボめろんぱんは持ち帰りも可能だが、焼きたては一階のイートインスペースで味わえる。店舗の二階は甘味処になっており、抹茶やあんみつなどの甘味も楽しめ、観光の一休みにも最適だ。浅草巡りに疲れたらほっと一息、立寄ってみてはいかがだろうか。

右：抹茶付きの「白玉あんみつ」（700円）。神津島産のてんぐさから手間ひまかけて作った寒天、北海道十勝産の自家製小豆、旬のフルーツを使用した花月堂自慢の一品。

左：２階の甘味処は落ち着いた和風の雰囲気で、外国人観光客にも人気。

昔ながらの味と品質を守り続ける下町のパン屋さん

ぶれーて

住所：東京都台東区日本堤1-10-6
電話：03-3875-0050
URL：http://www.tokyotownpage.com/fd/08/brate/
代表者：堀田治彦
最寄駅：三ノ輪駅
営業時間：9時~19時
定休日：日曜、祭日
創業：1976年

下：店主の堀田治彦さん。

労働者の町としても知られる台東区山谷にほど近い「いろは会商店街」。昭和後期、この商店街には当時の生鮮食品店として需要が大きかった肉屋と魚屋はあったが、現在ほど需要があるわけではなかったため、パン屋がなかった。そこで、前述の食品店と同程度の消費を見込んで、先代が昭和51年に「ボンポレオン」として創業をする。代替わりを経て、平成3年には現在の「ぶれーて」としてリニューアルオープンをした。

写真・文：一浦 聡

「チョコレートマーブル」（259円）

デンマーク産のチーズがこだわりの「フロマージュ」（216円）を製造中

現店主の堀田治彦さん（53歳）は、高校を卒業後、先代の手伝いをしながら他のパン屋でパン作りの修行をしていた。しかし、20歳の時に父である先代が倒れてしまい、店を引き継ぐこととなる。

当時は売り切れを避けるために朝早くからパンを大量に生産し、作り置きをするという生産体制だった。しかし、この手法では、日によってパンが売れ残ってしまったり、時間の経過によって品質が変わってしまったりするという問題点があった。

そんなとき、「ぶれーて」の休業日に赴いた修行先の他店で、当時ではまだ珍しく高価だったコンピューター管理のパン製法と出会う。徹底した温度管理と湿度管理の数値化を学べば、コンピューターを使わずとも同じような管理が可能であるという考えに辿り着く。また、それと同時に製造する回数を増やし、こまめに数量の調整ができるよう試行錯誤を繰り返した。

できるだけ焼き立ての美味しいパンを食べてもらいたいという一心で、パンの製造方法や体制は大きく変わっていく。「失敗品を安価で出しても信用につながらない。お客様は安定した品を求めて来店されている」と語る堀田さんの考えが原点となり、これらの製法や考え方は、今日に至るまで続いている。

また、売れ続けている商品があっても月に4品を新メニューとして開発。新茶の季節になれば抹茶を使う、果物が旬になれば果物を使うなど、絶えずお客さんのニーズを探るため努力を続けている。

パン作りに対するあくなき姿勢で長年にわたり親しまれている「ぶれーて」は、お客さんへの信頼を第一に、これからもパンを作り続けていくだろう。

右：星の形が目をひく、「かぼちゃあんぱん」（183円）。
左：一番人気の「ミニボール」（81円）。

創業から変わらぬ味
毎日食べられる安心のパン屋

ペリカン
住所：東京都台東区寿４-７-４
電話：03-3841-4686（※電話の受付は15時30分まで）
URL：http://bakerpelican.com
代表者：渡辺竹子
最寄駅：田原町駅
営業時間：８時～17時
定休日：日曜、祝祭日
創業：１９４２年

下：店長の渡辺陸さん

銀座線、田原町駅を降りて、国際通りに向かって歩くとすぐにパン屋が見えてくる。１９４２年創業の老舗「ペリカン」だ。けっして大きい店舗ではないが、若い人から子ども連れの客、お年寄りまで、幅色い層の客足は絶えることはない。その人気ぶりはときには行列ができることもあるほどだ。

この店を切り盛りするのは四代目店長の渡辺陸さん（29歳）。派手な店構えや、バラエティに富んだメニューが並ぶわけではない、この店のなにがこれほどの人気を集めているのだろうか。

写真・文：荒木哲也

手際よく、パンを成形していく。

厨房にてロールパンを作る職人たち。

渡辺さんが「ペリカン」で働きはじめたのは大学生の頃だ。当時はアルバイトだった。叔父にあたる三代目が、熱心に働く渡辺さんを見て「本格的にパン作りの勉強をしてみないか」と声を掛けたという。

昼間は「ペリカン」で働き、夜は高田馬場にあるパンの専門学校、東京製菓に通った。昼夜パン作りのノウハウを学び2年後に専門学校卒業。四代目として店を引き継ぐこととなる。「70年続く歴史がありますからね。この店を三代目で終わらせたくないという想いがありました」。

パン屋の朝は早い。「ペリカン」開店は8時だが、渡辺さんらパン職人は、朝3時から仕込みを行うこともある。「味を維持していくためには、その日の気温や湿度に合わせて材料の計量や工程の調整をしています」と話すように、変わらぬ味は、日々の繊細な作業によって支えられているのだ。

「ペリカン」で売られているパンは基本的にロール、食パンの2種類だけ。昔は喫茶店やホテルへの卸しが中心だったが、現在は店頭にも多くのお客さんが集まる。これら2種類は見た目には地味だが、日本人にとって最も馴染みが深く、それだけに飽きのこない毎日食べられる味に仕上がっているからだ。これが70年に渡って愛される理由なのだろう。

渡辺さんの作ったパンを食べると、彼の情熱的な思いや優しさが口の中で広がる。70年以上に渡って「ペリカン」に受け継がれてきたこの味を求め、今日もたくさんの人たちがパンを買いにやってくることだろう。

右：「小ロール」（10個610円）「中ロール」（5個460円）。
左：「食パン」（1.5斤570円）。

天然酵母へのこだわり美味しさと安心の両立を求めて

パネッテリア・アリエッタ

住所：東京都品川区東五反田2-5-1ルネッサンスビル1F
電話：03-3444-1345
URL：http://www.p-arietta.com/
代表者：南部弘樹
最寄駅：五反田駅
営業時間：平日・土・祝前9時〜20時／日・祝9時〜19時
定休日：火曜（祝日の場合は翌日）
創業：2007年

上：店主の南部さん。下：外はさっくり中はしっとり「シナモンロール」（280円）。

五反田駅より徒歩6分。赤と白を基調とした品のある外観の「パネッテリア・アリエッタ」が見えてくる。朝9時オープンのお店は昼になるとお客さんでいっぱいだ。

オーナーシェフ南部弘樹さん（50歳）が数あるパンの中でもこだわっているという長期熟成バゲットは、パリッとした皮の風味が香ばしく、小麦の甘みが口の中で広がる。「国産小麦をベースに、製造工程には一切の添加物を入れない。毎日食べたくなるような美味しさと健康に貢献できるパン作りを心がけている」と語ってくれたように安心と美味しさの両方を追及している。

写真・文：勝又綾佳

こだわりの「トラディショナルバケット」(320円)。

南部さんとパンとの出会いは、奥さんが趣味ではじめた天然酵母のパン作りである。干しぶどうから酵母を起こし、パンを作ることに夢中になっていた奥さんから「これはあなたの仕事だわ」といわれたのだ。当時、会社勤めだった南部さんは、冗談だと聞き流していたが、徐々に天然酵母に興味が湧いていったという。

仕事の転機を迎えた頃、会社を辞めてパンの道に入ることを決意。「ゼロからの挑戦に躊躇があったものの、心の奥底では突き動かされるものがあった」と南部さん。

様々なパン屋をめぐり、天然酵母の先駆けとして有名だった「ルヴァン」に修行を申し出る。当時、天然酵母を扱う店舗は少なく、「ルヴァン」には多くの志願者がいたが、毎日のように出向き、半年後に採用となる。「天然酵母のパンは、酸味が強く出やすく、手間がかかる。重く、固く、ソフトなパンに向かず、コントロールが難しいなど、思うようなパンに焼き上がらず、いくつもの壁を経験した。しかし、やればやるほど面白くなる」と語る南部さん。その後、修行の幅を広げ、天然酵母以外のパン作りも経験。大量生産できるイースト外国産小麦パン、米粉パンなど有名店での修行やチーフ、シェフを一通り経験した後、天然酵母と国産小麦一本に絞っていくことを決めた。

2007年に「パネッテリア・アリエッタ」を立ち上げ、自家製天然酵母でありながら国産小麦の風味や旨味をさらに引き出せるよう探求している。製造工程は一切の手抜きをせず、面倒なことを進んで行い、添加物も使っていない。

「お客さまにパンが美味しいと喜んでもらえることと、幸せそうな笑顔が本当に嬉しい」と語る南部さん。美味しさへの探求や質の高いパン作りへの挑戦はこれからも続いていく。

右：「パン・オ・ミエーレ」（270円）。
左：「メスコラータミニ」（340円）。

自然の喜びを街の人々とともに優しい美味しさを求めて

SORA

住所：東京都目黒区八雲5-19-7　たか乃羽マンション1F
電話：03-3718-9970
URL：http://www.cafe-sora.jp
代表者：金丸信乃
最寄駅：駒沢大学駅
営業時間：10時〜18時（売り切れまで）
定休日：日曜、月曜
創業：1997年

上：赤い屋根が特徴的な外観。下：レトロな雰囲気の漂う店内。奥にはカフェスペースも併設されている。

駒沢大学駅から自由通り沿いに徒歩10分。赤い屋根が印象的な、どこか懐かしい佇まいのパン屋が店を構える。ジュークボックスから往年のジャズが流れる店内に入ると、温かな雰囲気の絵画、こだわりの感じられるワイン、そして棚いっぱいに並んだ美味しそうなパンが出迎えてくれる。

「とにかく美味しいパンを作りたい」。そう話してくれたのは、「SORA」の店主・金丸信乃さん。美味しいパンを作るため、素材から自然の原料にとことんこだわっている。

食パンを並べるご主人。

季節の素材、かぼちゃ餡を詰める。

「SORA」の創業は1997年。無類のパン好きである金丸さん夫婦が、安全で美味しいパンの提供をモットーにお店をはじめた。当初からカフェスタイルでの販売をしており、しばらくしてご主人の趣味であるワインも店頭に並ぶようになった。原料は残留農薬のない北海道産の小麦のみを使用し、基本的な素材はこの小麦と天然酵母だけだ。余計なものは一切入れず、最低限の素材のみで美味しさを追求するのが、「SORA」のこだわりである。

人気商品であるクリームパンを例にとってみても、カスタードクリームによく使われている凝固剤は使わず、小麦粉だけで固めている。看板商品の食パンやカンパーニュに使っているのも、熟練の技術が必要となる天然酵母。いかにシンプルな素材でダイレクトに味を伝えるかを日々考えている。

取材の間にもひっきりなしにお客さんが訪れ、棚に並んだ一斤サイズの食パンや大きなカンパーニュを買っていく。「近くの病院に通う方や、子ども連れのお母さんがよく買いに来てくれる」。季節の素材を使った、かぼちゃやレンコンの彩り華やかなパンを前に子どもたちも笑顔で買い物を楽しむ。素材の味と安全性を優先し、パンの見かけには必要以上にこだわらないというが、「SORA」のパンはどれも愛らしいものばかりだ。

このように厳選して素材を使っているが、必要以上には吹聴しない。実際に足を運ぶお客さんの多くは、純粋に美味しいパンを求めて来ることを知っているからだ。素材へのこだわりという付加価値でなく、純粋な美味しさで勝負したいという思いはしっかりと実っている。金丸さん夫婦が、美味しさに正直に、ゼロからこだわって作った結果だろう。「俺たちは馬鹿正直パン屋だな」というご主人の言葉が笑いを誘った。

右：「くるみ・全粒粉カンパーニュ」（885円）。左：「クリームパン」（226円）。

サクサク食感のカレーパンは絶品 素材を生かした彩り豊かなパン達

ブーランジェリーぷくがり

住所：東京都世田谷区南烏山6-27-6プレズィール千歳烏山
電話：03-3309-0022
URL：http://ameblo.jp/pukugari/
代表者：岡村和幸
最寄駅：千歳烏山駅
営業時間：10時～19時（商品なくなり次第終了）
定休日：月曜
創業：2011年3月

下：色とりどりのパンが並ぶ明るい店内。

京王線 千歳烏山駅から歩いて5分、烏山商店街を通り抜け甲州街道へ向かう道の途中、マンションの1階に小さなパン屋「ブーランジェリーぷくがり」がある。

夫婦が営むこの店の名前の由来は、ぷくぷくしたご主人と、痩せている奥様の見た目からつけられており、親しみやすさが感じられる。

白と茶を基調にした落ち着いた店内には、ひとつひとつのパンがゆとりを持って並べてあり、目で見て楽しみながら、ゆっくりパン選びをしたくなってしまう、そんな雰囲気のパン屋だ。

写真・文：中田壮是

おすすめのバケットを持って。店主の岡村さんと奥様。

フランスパンのパン粉を使い食感にこだわったカレーパン（200円）。

豊かな彩りのフルーツを使ったパン。

生まれも育ちも千歳烏山という店主の岡村和幸さん（43歳）は、地元の高校を卒業後、ツアーコンダクターの専門学校進学。その後、内装職人である父の手伝いをしながら、新たなる道を探っていた。そんなとき、テレビでふと見かけたパン屋の取材を見て感銘を受け、パン職人を志す。「粉と水だけで何でも作れるってすごいって思ったんです」。

都内の大手パン屋で14年にわたり、パン作りから店長として店の運営面まで、様々な経験を積む。その後、3年間料理人の道に進むが、自分の店を持つというかねてからの夢もあり、2011年3月に地元の千歳烏山の地で「ぷくがり」をオープン。夢を実現させた。

この店のおすすめは、バケットとカレーパン。低温長時間発酵で小麦の味わいをしっかり引き出したバケットは、毎日食べても飽きないちょうど良さを大切にしている。

ゴッゴッとした形が印象的なカレーパンは、一度食べたら忘れられない独特の食感が魅力的だ。カリッとしたかつてない食感を出すため「油っぽさをなくしてサクサク感を出すにはどうすればよいか」を考えぬいて出した答えが、こだわりのフランスパンを、粗めのパン粉として贅沢に使用する調理法だった。見た目以上に感じるこの食感をぜひ体験してみてほしい。

料理人を目指したこともある岡村さんは、パン作りにおいても素材や食材にこだわりを持つ。店内には季節の野菜やフルーツなど、その時期ならではの食材を活かした、限定のパンも数多く並んでおり、独特な彩りで見た目でも楽しませてくれる。

素朴な味と、素材のこだわりを感じさせるパン達。「ぷくがり」には、見た目と味で「おいしい」と感じられる、幸せなパンがあふれている。

右：フランスパンを使った粗めのパン粉をしっかりまぶす。
左：片面ずつ裏返しながら揚げていく。

誰でも安心して食べられるパン
体に優しい自然派ベーカリー

マクロビーナスとパン焼き人

住所：東京都世田谷区代田1-35-13
電話：03-3421-9399
URL：http://macrove-panyaki.com/
代表者：髙橋ミナ
最寄駅：世田谷代田駅
営業時間：10時〜18時
定休日：月曜、火曜、お盆、年始
創業：2011年6月

上：店舗外観。下：店主の髙橋さん。

アレルギーや病気、道徳上、宗教上の食事制限、そして添加物。誰でも食べられる安心で美味しい食事はとても難しい。世田谷区にある「マクロビーナスとパン焼き人」はそんな食事制限のある人でも安心して食べられる、パンを50種類ほど販売しているパン屋だ。

「糖尿病のお父さんが安心して食べられ、食事制限の必要のない子どもたちも美味しく家族みんなで楽しめる場所を作りたかった」と店主の髙橋ミナさん（49歳）は話す。

写真・文：太田梨奈

季節ごとにメニューが変わるという野菜パン。
左から「人参パン」、「トウモロコシパン」、「まめパン」（各190円）。

上：完全特注生産の「米粉のカップパン」(10個/1200円)。
下：秋冬限定の「栗デニッシュ」(230円)。

髙橋さんは、元パティシエだった師匠の店に弟子入りし、師匠の現役引退により、店を引き継ぐ。その際、店名を「マクロビーナスとパン焼き人」と改め、2代目オーナーになる。製菓衛生士、中級野菜ソムリエの資格や、技術家庭科教員免許を持ち、前職の園芸店で15年間に渡り植物と関わり、食材そのものにも詳しい。自身がストレスで体調を崩したこともあり、動物性の素材や添加物を一切使わない本当に体に良いパン作りを目指すことになる。

これらの多くの経験が髙橋さんのパン作りに活かされている。特に植物素材100%のクリームパンや、きび砂糖は使わず、甜菜糖の甘みを使用したあんぱん、小麦を使わず米粉100%のグルテンフリーのカップパンなどが人気だ。また、水も水道水は使わず、浄水や有機豆乳、玄米ミルクを使い、発酵促進剤、防腐剤、人工香料などの添加物は一切使用していない。

もちろん、素材にこだわっているだけでなく、味も美味しい。カレーパンなどの惣菜パンも充実しており、野菜の形をしたパンは見た目にも可愛らしく、健康食は地味で味気ないというイメージを覆す美味しいパンばかりだ。

オシャレな街、下北沢からも近い世田谷代田の落ち着いた住宅街にある店舗にはカフェも併設され、木の温もりを感じるほっこりとした雰囲気。季節のスープや低速ジューサー酵素ジュースなど、体に優しいベジタリアンメニューが充実している。食事制限のある人もそうでない人も満足できる本格石窯で焼かれた美味しいパンとイートインメニューを楽しんで貰いたい。

左：食事制限のない人でも満足できるベジタリアン向けのパンが楽しめるカフェ。
右：スペ イン製の本格石窯で焼かれた添加物を一切使用しない選び抜かれた植物性の素材のみを使ったパンの並ぶ店内。水も水道水は使わず、浄水や有機豆乳や 玄米ミルクを使った拘りだ。

最高のベーグルを求めて本場の製法とオリジナル和ベーグル

ケポベーグル
住所：東京都世田谷区上北沢3－17－8
電話：03－6424－4859
URL：http://www.kepobagels.com/
代表者：山内優希子
最寄駅：上北沢駅
営業時間：9時〜19時
定休日：火曜、月曜（祝日の場合は営業）
創業：2008年

上：店名「ケポ」の由来は山内さんの昔からのニックネーム。

京王線、上北沢駅から新宿に向かって線路沿いに進むと、ほどなく小さなパン屋「ケポベーグル」が見えてくる。線路沿いに佇む、この愛らしいお店は名前の通り、ベーグル専門のパン屋だ。

店主の山内優希子さん（42歳）は、小学2年生まで上北沢で育ち、当時はいつもお母さんに連れられて地元のパン屋さんに寄るのが楽しみのひとつだったという。

「いつかこの街で自分も小さなパン屋さんをやりたい」。子どもの頃の夢を叶えるため、2005年に意を決して会社員を辞め、翌年「ケポベーグル」をスタートした。

国産小麦を使ったオリジナルの和ベーグル。焼きリンゴはじめ、様々な食材を練り込んだものが多数ある。

kepo bagels
bagels baked just for you!

山内さんたちスタッフがいつも笑顔で迎えてくれる。

酵母のパーセンテージが焼き印されたプレーンベーグル。酵母の量が多いほど柔らかい。

外観同様、可愛らしい雰囲気の店内は決して広くはないが、焼きたてベーグルの香りが漂う。そこには、はじめて訪れる、ほとんどの人が戸惑うほど、多くの種類のベーグルが並ぶ。本場アメリカの伝統的製法を再現して焼かれたニューヨークベーグル各種に加え、国産小麦と麹由来の天然酵母を使った食感が特徴のオリジナルの和ベーグルだ。

和ベーグルは様々な和の素材を使ったもの、揃えたものが数十種類ある。まずは食感の特徴を味わいたいという方には酵母の量を4％、6％、10％と3つのバリエーションから選べるプレーンから選ぶのがオススメだ。その他にも常連客に人気のベーグルの生地を応用した食パンやイングリッシュマフィン、バターや卵を使ったリッチなパンなどもある。

ベーグルと通常のパンとの違いは、ベーグルは焼く前に茹でるというプロセスが加わることだ。山内さんが食感に特徴のあるベーグルを専門に選んだのは、もちもちとした歯ごたえのあるグミやお餅など変わった食感の食べ物が好きだったからだという。それだけに弾力感やもっちりとした食感の表現には、こだわりが感じられる。

狙った食感に仕上げるための重要なプロセスである発酵、成形、吸水の見極めなどは、繊細な感覚が要求される。「正直すべて完璧に焼き上げたことなど一度もありません。これからも、毎日、少しでも多くの種類のベーグルを納得できるように作っていくのが目標です」と山内さんも試行錯誤を繰り返しながら、最高のベーグルを日々追及している。

いまよりも美味しいベーグルを作るため、進化し続けるベーグル専門店。「ケポベーグル」の今後の活躍が楽しみだ。

左：ニューヨークベーグルの定番のひとつ、表面のごまがとても香ばしい「セサミ」（160円）。
右：ベーグルの生地を応用した「食パン」（280円）も人気の商品。

愛らしいパングワンたちが笑顔と幸せを運ぶ

ぱんやのパングワン

住所：東京都世田谷区三軒茶屋1-36-15
電話：03-3421-0615
URL：http://www.pingouin.sakura.ne.jp/
代表者：太田賀子
最寄駅：三軒茶屋駅
営業時間：7時30分〜19時
定休日：毎週月曜　第二・第四火曜
創業：2013年

下：ペンギンがあしらわれたスタッフの制服。

東急田園都市線の三軒茶屋駅の南口から徒歩3分、ひと際目立つオシャレな建物が現れる。可愛らしいペンギンをモチーフにした看板が親しみやすいその店は「ぱんやのパングワン」。

オシャレな店構えから、新興のパン屋のように思えるが、実は100年以上続く老舗のパン屋だ。店長の太田雅巳さん（34歳）は「子どもの頃から父親の手伝いでパン作りに関わっていたので、実家を継ぐことはある程度考えていました」と語ってくれたが、その道程は平坦だったわけではない。

写真・文：大石ちひろ

SANKO

ペンギン型のクリームパン「パングワン」（220円）。

すべてのパンに自家製天然酵母を使用。原材料も信頼のおけるメーカーの物だけを使うこだわり。

100年以上続く老舗パン屋「精養堂製菓」に生まれた太田さんは、子どもの頃からパンに関わる環境に身をおいてきたものの、大学時代までは、自分の進路がはっきりと定まらなかったという。そんなとき「まずは、ある程度ノウハウがある仕事をしてみよう」と思い、パン屋のアルバイトをはじめた。これがキッカケとなり、パン作りの魅力を再認識することとなる。

実家を継いでパン職人として生きて行くことを決めた太田さんは、まず、外の世界を知るため、他店で修行を行なった。厳しい修行の末、実家のパン屋に戻った太田さんの決断は、シンプルに店を継ぐというものではなかった。店名を改め、新たに「ぱんやのパングワン」という形でリニューアルオープンしたのだ。

創業当時から愛されてきた昔ながらのパンはそのままに、自然酵母を使用した様々な国のパンを幅広く展開。原材料も信頼のおけるメーカーの物だけを使い、安心・安全なパンを作ることにこだわった。

一番人気のパンは、ペンギン型のクリームパン、パングワン（ペンギンパン）だ。太田さん自身がペンギン好きであることもあり、店内のいたるところに可愛らしいペンギンたちが溢れている。季節限定や週末限定のメニューも用意しており、常に新たな試みを行なっている。

100年以上続く老舗パン屋をリニューアルするという意気込み、そしてパンへのこだわり、情熱は計り知れない。「パングワン」の太田さんはこれからも新たな挑戦で私たちを楽しませてくれることだろう。

左：「メロンパン」（130円）。
右：「大納言」（200円）。

フランスのパンを伝えたい安心して食べられる本場の味

レ・サンク・サンス
住所：東京都世田谷区若林1-7-1
電話：03-6450-7935
URL：http://www.les5sens.jp/
代表者：箕輪喜彦
最寄駅：三軒茶屋駅／西太子堂駅
営業時間：8時～21時
定休日：年始のみ
創業：2009年

上：フランス国旗を掲げた洋風の外観。。下:明るい店内では、スタッフのみなさんが笑顔で迎えてくれる。

三軒茶屋駅を出て歩くこと7分ほど。世田谷通り沿いにフランス国旗を掲げる建物がある。「レ・サンク・サンス」だ。焼きたてのパンの香ばしい香りが漂う店内には、たくさんのパンがショーケースに並ぶ。

「対面販売にすることで、不特定多数の人がパンに接触することなく、安全なパンを安全なかたちで提供できます」と語ってくれたのは、店長の本地昌谷さん（39歳）。オーナーであるデリアン・エマニエルさんによるこだわりだという。エマヌエルさんが日本でパン屋を開業したのは、パンの本場、フランスの味を日本の人に知ってもらいたいという思いからだ。

写真・文：大石ちひろ

店長の本地さんと「デミコンプレ」（400円）。

「クロワッサン」（250円）。

エマニエルさんは、フランス出身。1932年創業のパリの老舗「ポアラーヌ」で修行を積んだ後、10年間パン職人として務めた。「ポアラーヌ」を含め、15年以上にわたってパン職人を務めるかたわら、パティシエの学校も卒業。パン作りに関する経験値を高めてきた。

「レ・サンク・サンス」には、本場フランスの味を伝えるための5つのこだわりがある。1つ目は国産小麦を使うこと。輸入小麦粉は輸送時に農薬が使用されるため、緯度の高い北海道産小麦でフランスの味を再現している。

2つ目は、素材だ。フランス・ブルターニュ地方でローマ時代から続くヨーロッパ最北の製塩地帯として有名な太陽と風の力だけで乾燥させた自然塩、ゲランドの塩を使っている。

3つ目は製法。フランスパンの伝統的かつ、ポピュラーなオートリーズ法、パートフェルメンテ、ポーリッシュ種を使い、香り豊かでふわっとボリュームのあるパンを焼き上げている。

4つ目のこだわりは、溶岩で作った石窯を使用していることだ。遠赤外線で、中心まで早く火が通り、中はもちもち、外皮はパリッとした食感に焼き上がる。

これらのプロセスを踏んで作られたパンを注文時に対面販売のスタッフが案内する。これが5つ目のこだわりだ。また窯から焼き上がったばかりのパンの試食もさせてもらえる。フランスの味を知るとともに、フランスの食文化を知ることができるのも嬉しい。

店内をひっきりなしに行き交うお客さん。その各家庭に、本場フランスの味が今日も広まっていく。

右：「コンプレノアレザン」（760円）。
左：「クロワッサンソーセージ」（380円）。

毎日の食卓にピッタリはまる しあわせなパズルのできあがり

onkä

住所：東京都世田谷区桜1-66-5
電話：03-6318-7184
URL：http://onka.jp
代表者：山本拓三
最寄駅：経堂駅
営業時間：11時〜17時
定休日：火曜、水曜、木曜
創業：2011年

上：「Onkä」とは、アイヌ語で「発酵する」の意味。下：グリーンの壁紙が印象的な外観。

オシャレな白い外壁とグリーンの壁紙が道行く人の目を引く。扉のない店先から、焼きたてパンの良い香りがする。「onkä（オンカ）」は、小田急線経堂駅南口から、農大商店街を抜けた城山通りに面した場所にある。

「onkä」は、2011年に表参道の人気店「パンとエスプレッソと」出身のシェフ・櫻井氏によって立ち上げられた。開店当初から連日賑わい、地域での人気が定着するまでに長い時間はかからなかった。現在、そんな店を任されているのは、店長の下山亜紀子さん（37歳）だ。

写真・文：柴田恵理子

「今ではお店作りのすべてのプロセスを楽しんでいる」と話す下山さん。

onkä
onkä
onkä

「あんこクリームチーズ」（230円）。

開店当時から「onkä」のパン作りに携わっているシェフの小泉さん。

下山さんがパン職人の道を歩みだしたきっかけは、何気なく観たテレビ番組だった。「番組内で紹介されていた女性パン職人が、活き活きとした表情で活躍していて魅力的だったんです」。

その後、下山さんは一念発起して、異業種からの転職を果たす。これまでにパン職人として3店舗で経験を積み、自身4店舗目となる「onkä」で、念願の店長となった。「それまで、職人としてパンに携わってきましたが、店長としてメニューの考案や売上管理など、店を丸ごと任されるということで、最初のうちはプレッシャーもありました」と語る下山さんだが、今ではそれも杞憂だ。テンポ良く厨房の中で動き続けながら、ときどき店頭へ出ては、ショーケース越しにお客さんと話す。その働く姿から、パン職人であり店長であるというプロ意識が感じられる。

開店当初から、前店長から受け継いだ「こだわりの厳選素材を使ったレシピでシンプルなパン作りをする」というポリシーを守りつつ、旬の野菜や果物を活かしたメニュー作りにも力を入れている。また、地域密着型のお店を目指し、『『世田谷パン祭り』など、近年盛り上がりを見せている、食に関するイベントにも積極的に参加していきたいですね」と笑顔で語ってくれた。

店のロゴにもなっているパズルのピース。「パンを通じて、食べた人の毎日をポジティブにし、パズルを完成させるように幸せをつなげていきたい」にしたいという思いが込められている。

活き活きとした表情でパンを作り、接客にも朗らかに対応する下山さん。買いにくるお客さんの表情も柔らかい。「onkä」のパンが毎日の食卓に幸せを運んでいる様子がよくわかる。

右：オーブンから出たばかりの焼きたてのパン。左：完成後、次々に並べられていく。

天然酵母、国産小麦パンの発祥
安心と人の魅力あふれるパン屋

ルヴァン

住所：東京都渋谷区富ヶ谷2-43-13
電話：03-3468-9669
URL：http://levain317.jugem.jp/
代表者：甲田幹夫
最寄駅：代々木八幡駅
営業時間：火～土曜日8時～19時半、日・祝日8時～18時
定休日：月曜、第2火曜
創業：1982年

代々木八幡駅から徒歩10分。木のぬくもり溢れる外観のパン屋が「ルヴァン」だ。店内は販売スペースとカフェスペースにわかれており、山の中にひっそりと佇む山小屋のような雰囲気が心地良い。店内の撮影をしていくお客さんも数多くいるほどだ。

　この店を営んでいるのは店主の甲田幹夫さん（67歳）。内装は、友人のデザイナーにしてもらい、家具は自ら一点一点探してそろえたという。「イメージに合うのを見つけるのは大変だったけど、その過程がとても楽しかったよ」と語る。

上：木のぬくもりあふれる外観。下：甲田ご夫婦とスタッフのみなさん。

写真・文：勝又綾佳

「カンパーニュ」（1.3円/g）。

人気の「メランジェ」（2円/g）。

朝4時から開店後も焼き続ける。

甲田さんは異色の経歴の持ち主だ。大学で教育学部美術科を卒業後、小学校の先生として赴任するが、その後、海外に行くなど職を転々する。そんなとき、仲間内で設立したフリースタイルスキークラブで「ルヴァン」の前身会社の代表者の弟と出会い、パン作りに誘われる。海外から部品を取り寄せ、ミキサーなどの調理器具を製作する会社だったが、ショールームで実際にパンを作るセクション「ルヴァン」があり、甲田さんはそこでパン職人としての道を歩みはじめることとなる。

パン作りを教わったのは、当時「ルヴァン」にパン作りを教えに来ていたフランス人のブッシュ氏。ブッシュ氏は、ナチュラル志向で地産地消、マクロビオテックスなどに造詣が深く、その考えに基づき、当時は困難とされた国産の小麦によるパン作りをはじめた。4年後、会社がルヴァンのセクションを取り止めることになったとき、甲田さんがセクションを買い取り独立した。

開店後の朝にカフェスペースに集まり、スタッフで朝食を食べる。「ここでは家族のようにみんな仲が良く、話し合って仕事を進めている」という言葉通り、その様子は職場の同僚というより家族のようだ。「ここは顔の見える人から小麦を粒で買っている。カンパーニュには25％もその小麦が入っているからぜひ食べてほしい」と、甲田さんはじめ、全員が情熱をもってパンに向き合う。

「今後は自分たちで少しの量でも小麦を作れたら」と小麦の生産についても意欲的だ。イースト菌を一切使用せず、石臼で挽いた新鮮な小麦を使ったパンには、美味しさと、人を思う気持ちがぎっしり詰まっている。そんな味に魅せられ、今日も顔見知りや、新しいお客さんがルヴァンへと足を運ぶ。

右：バケット　1.3円/g。
左：野菜ピザ　300円/ピース。

土作りからのこだわり素材引き立つ本物のパン

空と麦と

住所：東京都渋谷区恵比寿西2-10-7　YKビル1F
電話：03-6427-0158
URL：http://www.soratomugito.com
代表者：池田さよみ
最寄駅：恵比寿駅／代官山駅
営業時間：10時〜19時
定休日：月曜
創業：2014年

下：ヨーロッパ農家の台所をイメージしたオシャレな店内。

パン屋は数多くあれども、小麦を育てる土作りから取り組むパン職人はそういないだろう。恵比寿にあるパン屋「空と麦と」の店主・池田さよみさんは、そんな素材にこだわったパン職人だ。

「空と麦と」では、パン以外にも手作りジャムやオーガニックオイル、蜂蜜なども販売。イートインスペースも設けられており、パンと一緒にコーヒーなどの飲み物が楽しめる。毎週水曜には、ウッドデッキにて自然栽培の野菜やハーブを販売するファーマーズマーケットも開催されており、多くの人で賑わう。

写真・文：太田梨奈

上から：ベリーパン、自家製小麦、バケット。

右上：現代の小麦の原型の珍しい古代麦（スペルト小麦）と
スペルト小麦の全粒粉を使った「スペルトパンドミ」(650円)。
右下：ライ麦入りの少しの酸味とコクのあるバケットカンパーニュ」(270円)。
左：山梨県北杜市産の小麦とふすまで作ったシンプル な食事パンの「ほくと丸」(170円)。

「私自身、体調を崩したことで、食の大切さに気づかされました」。そう語る池田さんは、もともと東京でIT企業に勤めていたが、2007年に体調を崩したのを機に退職。山梨県へ移住し、自然栽培で野菜や小麦を作る農家に転身する。八ヶ岳南麓に耕作放棄地を借り、1年かけて土作りをするところからはじめた。「自分で作物を作る喜びを経験し、食に一から携わる仕事がしたいと思いました」と話す。

無農薬、無肥料、無除草剤で育てられた小麦や野菜で作られたパンはたちまち好評となる。2014年、池田さんは東京・恵比寿に「空と麦と」の出店を決める。自身が東京で働いていたときの経験から、都心で働く人にも安全で美味しいパンを食べてほしいという思いからのことだった。東京ではシンプルなパンだけでは厳しいと考え東京三宿の名店「シニフィアン シニフィエ」の志賀勝栄シェフにメニューのプロデュースを依頼。その際も、池田さんのリクエストにより、牛乳や卵を極力使わず、自家製もしくは信頼のおける農家の自然栽培小麦や野菜で作ることにこだわった。こうして生まれた約20品が店頭に並ぶことになった。

流行目まぐるしい代官山周辺で、パン屋を営むのは容易なことではない。だが、真摯なパン作りの姿勢が本物志向の人達の注目を集め、リピーターも増えている。

池田さんの作るパンはずっしり重い。シンプルながらも、噛めば噛むほど、小麦の本来を香りと味を感じることができ、作り手の思いが伝わる。材料から作り手の顔が見えるからこその安心のパンだ。自然栽培農家が作った素材そのものの味と香りが引き立つ本物のパンをぜひ、味わってもらいたい。

右：上から時計回り：「黒豆パン」（280円）、「ほくと丸」（170円）、「プチチョコ」（160円）。
左：オリーブの実がたくさん詰まった「パンオリーブ」（370円）。

毎日食べたくなるパンがある
笑顔があふれる、町のベーカリー

カタネベーカリー

住所：東京都渋谷区西原1-7-5
電話：03-3466-9834
URL：https://www.facebook.com/kataneb/
代表者：片根大輔
最寄駅：代々木上原駅
営業時間：7時〜18時（カフェは、7時半〜18時）
定休日：月曜、第1、3、5日曜
創業：2002年

下：営業中は常にフル稼働の厨房。

代々木上原駅東口から10分ほど閑静な住宅街を歩く。ともすると気づかずに通り過ぎてしまうような控えめな店構えであるにもかかわらず、朝早くから閉店まで客足は途切れることがない。小さな店内に入りきれず、行列ができることもしばしばだ。「カタネベーカリー」のオーナーシェフの片根大輔さん（41歳）は、22歳で「DONQ」へ就職。厳しい修行時代を経て、6年後に独立の夢を果たす。結婚後に移り住んだ代々木上原で「近所の人に愛される、町のパン屋さん」をイメージして物件を探し、小さな通りに面していてよく陽の当たるこの場所に出店を決めた。

写真・文：柴田恵理子

「このお店には思い入れと愛着があるんです」と笑顔で語る片根シェフ。

テラス席で買ったばかりのパンをすぐに味わうこともできる。

片根さんが作るパンは、見た目も味わいも、飽きがこないシンプルなものばかり。価格も良心的で、毎日食べたくなってしまう。材料もできる限り生産者の顔が見えるものを選んでいるというこだわりよう。現在は、小麦もすべてのパンに国産小麦を使用している。

毎日、早朝2時半頃から厨房に入り、午後3時頃までノンストップで焼き続ける。焼き上がったばかりのパンがお店に並ぶと、飛ぶように売れていく。買いに来るお客さんは、老若男女様々だ。

近所の常連さんだけでなく、美味しいパンの噂を聞きつけて全国各地から遠路はるばる買いに来る人も少なくない。店内は厨房と販売スペースが近く、買いに来たお客さんともすぐに会話ができるような距離感。忙しく働く合間にも、常連のお客さんを見つけると、気さくに挨拶をしに出てくる片根さんの姿を見ていて、この店の人気ぶりが改めて納得できた。

これほどの人気にもかかわらず、店舗の拡大や支店を出すことはまったく考えていないという。「引退するまでずっと、この場所でやっていくつもりです」。

朝7時半からオープンする、地下に併設されたカフェ。小さな子ども連れの家族や、熟年夫婦、若いカップル、ひとりでパンをかじりながら読書を楽しむ人、外国人の姿も見られる小さな空間は、のんびりした時間と笑顔であふれている。

一度食べたら誰もがたちまちファンになってしまう魅力に溢れるカタネベーカリー。「町のパン屋さん」は片根さんが思い描いていた通りに、たくさんの人に愛されている。

右:上から「夏季限定マイス」(140円)、「カンパーニュビオハーフ」(275円)、「セーグルオミエル」(230円)。
左上:「クロワッサン」(160円)。
左下:「あんぱん」(120円)、「ふたごぱん」(130円)、「ブリオッシュシュクレ」(120円)。

モットーは「基本に忠実」ヘルシー志向のベーカリー

Famille 代官山

住所：東京都渋谷区恵比寿西1－30－13 グリーンヒル代官山101
電話：03－3461－3644
URL：https://www.facebook.com/famille.daikanyama73
代表者：小川高明
最寄駅：代官山駅／恵比寿駅
営業時間：月～土曜8時～20時、日曜・祝日8時～19時
定休日：火曜日
創業：2006年

下：ヘルシーなドイツパンが多く並ぶ。中には土日限定のパンもある

代官山駅のほど近くにあるパン屋「Famille」は、夫婦2人で切り盛りするアットホームなパン屋だ。

店主の小川高明さん（44歳）には、オープン当初から大事にしている信念がある。それは「基本に忠実であること」だ。時間のかかる作業を面倒くさがったり、むやみに新しいものに飛びついてぶれたりすることなく、真摯にパン作りに取り組んでいる。

写真・文：鳥飼美菜子

店主の小川さん

FAMILLE
Daikanyama
FAMILLE
Daikanyama

無添加で果実味にあふれる「手作りジャム」（各 734 円）。
左からブルーベリー、フランボワーズ、ストロベリー、ルバーブ。

小川さんは、もともと西荻窪の個人店でパン職人として働いていたが、29歳のときにフランス留学を決意。ブルゴーニュ地方のディジョンで半年、パリで1年半修行し、本場のパン作りを学んだ。一度帰国したのち、韓国でパン作りの技術指導者として働き、およそ3年間にわたる海外経験を経て、2006年9月18日に「Famille代官山」をオープンさせた。

「Famille」にはヘルシー志向のパンがたくさん並んでいる。美味しさだけでなく、「体に良い」ということをテーマにしている点もこの店の特徴だ。というのも、小川さん自身、お父さんが病気になられたことをきっかけに、「食の大切さ」を再認識させられたからだ。材料は、体に良いものを使用し、添加物は使わない。バゲットなど、こだわりのドイツパンは、砂糖や油脂も一切使用せず作っている。

店では、手作りジャムやオーガニックティー、無添加のソーセージやベーコンなど、パンの他にもこだわりのアイテムが並んでおり、健康志向の人には嬉しいラインナップだ。中でも手作りジャムは、八ヶ岳の有名なジャム工房「ジャムクラフトとりはた」に学びに行き、製法を習得したほどのこだわりよう。

不要なものは使わず、シンプルに素材の良さを活かす。ここに小川さんの「基本を大事にする」という姿勢がうかがえる。店を訪れれば、店主の「パン作り」、そして「食」への強い想いを感じられるだろう。

そんな「Famille」では、天気の良い日には、テラス席でゆっくりとパンとコーヒーを楽しむお客さんも見受けられる。お昼時には常連客が集うのもパンの魅力に加えて、小川夫妻の人柄があるからだろう。これからも変わらずに美味しく体に良いパンを作り続けてくれることだろう。

右:店で人気の「カレーパン」(248円)。
左：砂糖・油脂を使用していない人気のレトロシリーズ「レトロ・くるみ」(475円)。

お客様を笑顔に幸せに　ベーグルの隠れた名店

そらとくもと　**東京代々木上原**

住所：東京都渋谷区上原3-2-3
電話：080-2050-1220
URL：http://www.sorato-kumoto.jp/
代表者：菅沼聡／菅沼佳子
最寄駅：代々木上原駅
営業時間：9時～17時
定休日：火曜、水曜、木曜
創業：2011年

上：雲をモチーフにした看板が愛らしい店舗外観。下：物腰が柔らかく気さくな笑顔で出迎えてくれる、菅沼ご夫妻。

代々木上原駅から徒歩5分。地元住民に愛されているベーグル屋がある。上原仲通り商店街の「そらとくもと」だ。この店を営んでいるのは、菅沼聡さん、佳子さん夫妻。

代々木上原に店舗を構えたのは2014年とまだ新しいが、お客様の足は絶えない。「前日から丁寧に生地を寝かせ、開店前の早い時間から仕込みを行っています。お客様に満足してもらえるか、笑顔になってもらえるか、幸せを感じてもらえるかを考え、ひとつひとつ大事に大事に愛情を込めているのが秘訣ですね」と語る。

厨房で生地を捏ねる佳子さん。

「そらとくもと」は2011年に八ヶ岳の麓にある、森の中からスタートした。地元の大工さんらと共同で小屋を建て、主に通信販売やマルシェでベーグルを提供したのがはじまりだ。そこから八ヶ岳にある「星野リゾート・リゾナーレ八ヶ岳」というホテルにも店舗を構えた。そして2014年に代々木上原に「そらとくもと東京代々木上原」をオープンさせたのだ。

パンを作るのは、佳子さん。もともと母親の影響でパン作りが好きだったという。京都にあるベーグルの有名店で修行を積み、ベーグル作りを学んだ。聡さんは主に接客やサポートを担当しており、お店を訪れると温かい笑顔で出迎えてくれる。

絶品のベーグルは、八ヶ岳の農家が手塩にかけて作っている季節の野菜をふんだんに使った、その時期その時期に合わせた味をいくつも試作し、研究を重ねている。

また、食パンやあんぱんなどのオーソドックスなパンなども揃えている。味にも品揃えにもこだわりをもつ。そこには「そらとくもと」の理念でもある、「なによりもお客様を笑顔に幸せに」という真面目で、ひたむきな思いが込められている。

近隣の地元住民をはじめ、多くの人に愛され、絶えず注文が入っている様子がうかがえる。事前予約も可能との事なので、是非出来立てのベーグルを食べて見てはいかがだろうか。「そらとくもと」のベーグルはまさに「幸せにしてくれるベーグル」だ。物腰が柔らかく、気さくでチャーミングな二人の存在もまた、ベーグルを美味しくさせる秘訣なのだろう。

右：「季節のベグッチャ」（270円～）
左：上「シナモンとクリームチーズ」（248円）、下「そらプレーンベーグル」（216円）。

人とのつながりを大切にする住宅街の憩いのパン屋

Seeds man BakeR

住所：東京都杉並区方南1-50-4平岡ビル1F
電話：03-5329-0755
代表者：笹島博之
最寄駅：方南町駅
営業時間：7時~19時
定休日：月曜、火曜
創業：2011年

上：青い屋根が印象的な店舗外観。
下：笑顔で迎えてくれる仲良しご夫婦。

方南町駅から徒歩10分、杉並区の閑静な住宅街を歩くと、白壁に青い屋根の映える爽やかなパン屋が見えてくる。ガラス越しに見える店内には約60種類のパンやサンドイッチ、ラスクやクッキーなどが並ぶ。テラス席ではコーヒーなどのドリンクメニューも楽しめる。

「周りの人との出会いによって次のステップが見えてくる。本当に人に恵まれてるんです」店主、笹島博之さん(35歳)がパン職人となったきっかけを語ってくれた。そこにはまさに笹島さんらしいエピソードがあった。

写真・文：堀由実

店主：笹島博之さん

全粒食パン
斤¥360 ½¥180

店主のこだわりで、厨房はガラス一枚隔てることなく、お客さんからも作業風景がよく見える。

店頭には60種類以上のパンが並ぶ。

笹島さんは大学卒業後に2年半パン屋で修行をした後、友人に誘われ趣味であるバイクの雑誌編集に携わる。その雑誌で「移動パン屋をやってみよう」という企画が持ち上がり、笹島さんが個人で起業したのが、パン職人となるのきっかけだった。

　こうして車による移動パン屋をはじめたものの、採算面などを考えても自分の店舗を持つ方が効率的と考え、いよいよ店舗を構えることとなった。その際にも、編集の友人のつながりで、青年が一からパン屋を開業するまでを追った開業本『「パン屋」はじめました。』の主人公となった。２００６年こうして一号店「ブーランジェリー・ササ」（現「ベーカリーササ」）がオープン。現在はこの店は弟子に譲り、自らは「SeedsmanBakeR」を２０１１年にオープンさせた。

　店名の「Seedsman ＝種蒔き人」は、笹島さんの素材選びへのこだわりが込められている。店で使用している小麦は、自らの出身地・茨城の地元農家に無肥料・無農薬での小麦栽培を依頼して作ってもらっている。「小麦が作られる過程を知らずしてパン屋になるのは違うと思った」と開業当初は定休日の度に自らに畑に通い、収穫にも携わった。

　現在も収穫された小麦を店内の石臼で挽いている。「自家製粉だからうちのパンは少しつぶつぶが残っているんですよ」奥さんの良子さん（34歳）は笑う。自家製粉のパンは独特の食感で噛めば噛むほど味わいが増し、癖になる美味しさだ。

　夫婦の明るい雰囲気が漂う店内は近所の家族連れやパジャマで訪れる常連客、笹島さんの趣味のツーリング仲間で賑わう。人とのつながりを大切にし、人を惹きつける笹島さんの人柄も「SeedsmanBakeR」の魅力のひとつに違いない。

右：「ラスク」（200円）。
左：四つ葉のクローバーをモチーフにした「ふすまクッキー」（230円）。毎年、年数によって形が変わる。

子供も大人も安心して食べられるシンプルで優しいパン屋さん

えんツコ堂製パン

住所：東京都杉並区西荻北4-3-4
電話：03-3397-9088
URL：https://www.facebook.com/Entuko/
代表者：勇正久
最寄駅：西荻窪駅
営業時間：9時～19時（売り切れまで）
定休日：月曜／第1、3、5火曜
創業：2008年

上：フクロウを象った店の看板。下：店の名が入った飾りパン。

西荻窪駅からアンティークショップやレストランが並ぶ商店街を歩いて6分ほど、路地に入るとすぐフクロウの看板がお迎えしてくれる。「えんツコ堂製パン」だ。「えんつこ」とは東北地方の方言で赤ちゃんを入れる丸いカゴのことを指す。名前の通り、店の外観から店内に並ぶパンまで優しく、可愛らしい雰囲気に包まれている。

そんな子どもから大人まで訪れるだけで幸せな気持ちにさせてくれるパン屋を営むのは、店主の勇正久さんと、奥様の玲奈さんだ。

優しくシンプルなパンを作る店主の勇正久さん

マスコット的存在の「西荻ハリーくん」（240円）

「食パンえんツコトースト」（1斤 400円／1本 800円）。

素敵な笑顔が印象的な正久さんと玲奈さんは、以前働いていたパン屋で出会った。当時は正久さんがサンドイッチ担当、玲奈さんがパン製造を担当していた。その後2人は結婚。2008年に「えんツコ堂製パン」オープンさせた。

今では正久さんを工場長、玲奈さんを販売部長と呼び合う。「毎日ケンカしてますよ」と冗談交じりに微笑み合うその姿からお互いへの信頼の強さがうかがえる。

「えんツコ堂製パン」のパンは、自家製天然酵母、または白神こだま酵母を使用。小麦はすべてのパンに100%北海道産小麦を使用している。ショートニング、マーガリンは一切使わず、卵も極力使っていない。「お子様や家族に安心して食べて欲しい」という思いが形となっている。

正久さんのおすすめはバゲット。玲奈さんのオススメは食パンだ。シンプルなパンを勧められるのも、味や素材に自信を持っているからこそ。2人がパンに真摯に向き合っている証だ。これらベーグルや食パンには玲奈さんデザインのフクロウの焼印が押されているのも可愛い。

また、ハリネズミの形をしたマスコット的存在のパン、西荻ハリーくんも食べるのが、もったいないほどの可愛さだ。食べやすい白パンの中にベルギーチョコレートが入っており、見た目とは裏腹に大人な味わいに仕上がっている。

他にも、玄米食パン、レーズンパン、全粒粉100%食パンなど、曜日限定、季節限定で提供しているパンもあり、1年中通いたくなる。

パンを作る正久さんとパンを販売する玲奈さん。2人の思いが重なり合い、生み出された「えんツコ堂製パン」は、これからも多くの人に幸せと優しさを届けていくに違いない。

右:店主おすすめのバゲット（280円）。
左:上「ベーグル」プレーン（190円）
下「ベーグル」クランベリーとクリームチーズ（260円）。

きめ細やかな生地に癒やされる食パンとデニッシュ

boulangerie LAPIN

住所：東京杉並区久我山5-8-26
電話：03-3334-8310
URL：https://www.facebook.com/boulangerieLAPIN
代表者：吉田功
最寄駅：久我山駅
営業時間：9時〜19時
定休日：日曜、月曜
創業：1988年

上：うさぎの看板が可愛い店舗外観。下：柔らかな日差しが差し込む店内。

京王井の頭線久我山駅北口から歩いて2分ほど。賑やかな商店街の坂を上り、住宅街に入ると一軒のパン屋がある。うさぎの看板が可愛らしい「LAPIN」だ。店内に入ると食事パンや菓子パン、クッキーなど、アイデア光る多彩なパンがところ狭しと並んでいる。店の奥ではパン職人が、せっせと次のパンを焼いているのが見える。

「自分が美味しいと思えるパンを作る」と話してくれたのは、店主の吉田功さん（58歳）。言葉のひとつひとつにパンい対するこだわりが感じられる。

写真・文：小林優策

店主の吉田さん。

パンを成形する吉田さんとスタッフのみなさん。

店主の吉田さんは1958年生まれ。学生の頃からパンが好きだったという吉田さんは、美味しいパンを作りたいとパン職人の道へ進む。20代は大手会社のパン部門にて修業の日々を送る。その後、新規店開業に携わるなど、様々な経験を積み、1988年、奥さんとともに「Lapin」をオープンさせた。現在は6人のスタッフで切り盛りしている。

店に入ってまず目を惹かれるのがパンの種類の豊富さだ。定番のものから一風変わったものまで、様々な種類のパンが並んでいる。どれも吉田さんが工夫を凝らした一品だ。

店の一番人気はアメリカン食パンだ。きめの細かい、しっとりもっちりとした食感がくせになる。この食パンを使ったサンドイッチも絶品だ。一度この食パンを食べると、他の食パンは食べたくなくなるといわれるくらいの人気なため、予約で一杯になってしまうことも少なくない。

デニッシュ類も種類豊富で、どれもサクサク感とフィリングに使われているカスタードの濃厚さはたまらない美味しさだ。

「LAPIN」のパンの美味しさについて吉田さんは「キーワードは管理ですね」と語る。朝から粉のミックス、釜の温度管理、時間など、ポイントとなる場面は、必ず自らチェックする。基礎となる工程を人任せにしないことが、吉田さんのパン職人としての信念だ。

朝から美味しい香りを漂わせ、久我山の人々に愛される「LAPIN」。吉田さんは、これからも自身の美味しいと思うパン、そして人々が喜ぶパンを作り続けるに違いない。

右：「パリジェンヌ」（270円）。
左：「パリアメリカン」（270円）。

種類豊富な焼きたてパンを その場で選んで食べる喜び

NIKI BAKERY

住所：東京都豊島区駒込1-42-1　第三米山ビル1F
電話：03-5981-9688
最寄駅：駒込駅
営業時間：7時〜21時
定休日：無休
創業：2011年11月

下:「バケット」(250円)と「カレーパン」(160円)

山手線沿線に位置する駒込駅から徒歩3分。国の特別名勝である六義園から道路を挟んだ向かい側に、「NIKI BAKERY」の文字が見える。ガラスの向こう側には種類豊富なパンが並び、日差しが差し込む明るい店内には美味しそうなパンの匂いが立ち込めている。

　店舗2階にある工場では、数人のパン職人の手によって様々なパンが作られており、出来たてのパンが次から次へと店舗へ並べられていく。華やかな笑顔で生地を成形しているのが、飯浜ゆめさんだ。

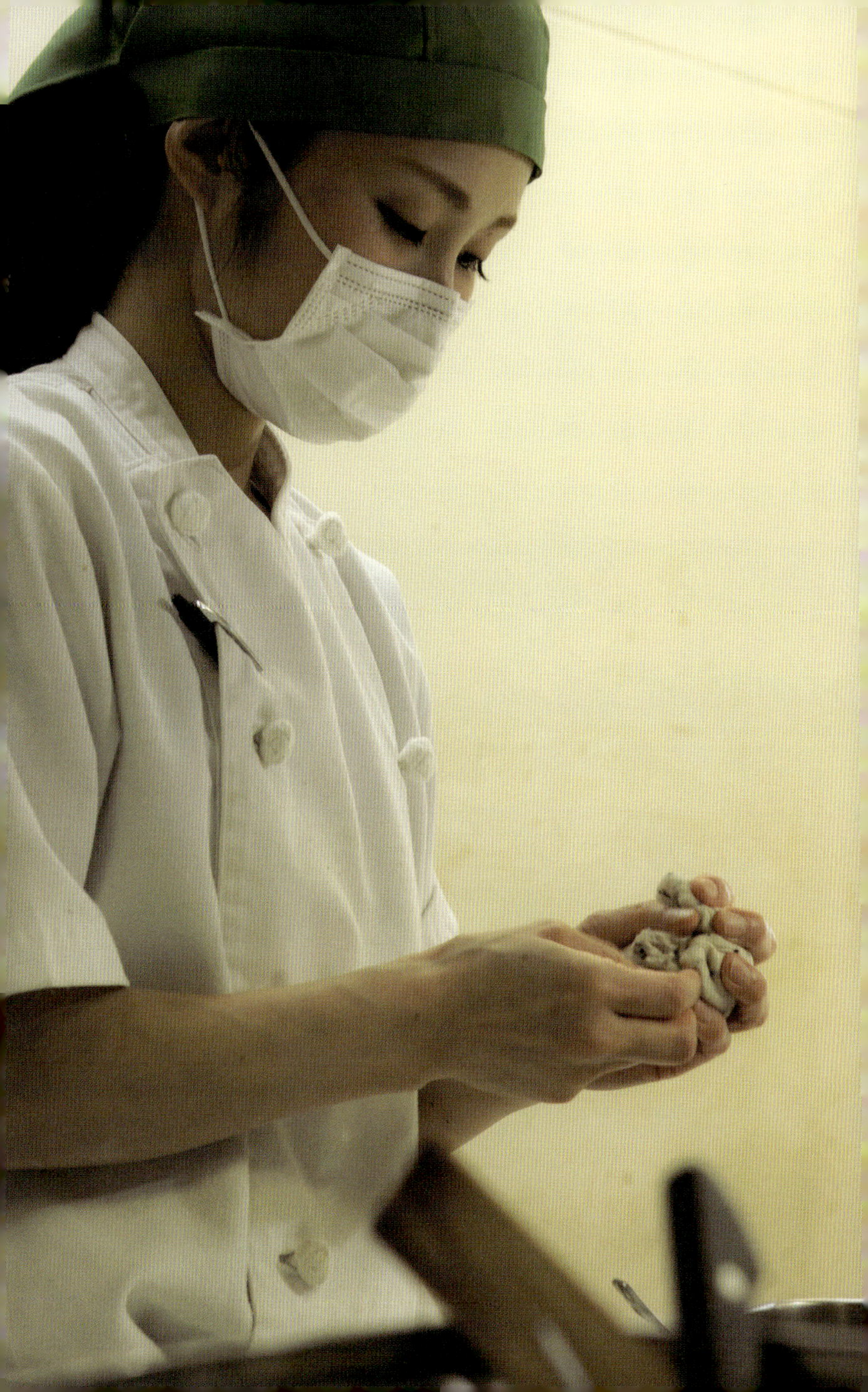

飯浜ゆめさん（右）とスタッフの伊東里沙さん（左）。

ゆめさんが「NIKI BAKERY」で働きはじめたのは2012年。彼女はパンの勉強をはじめるまで寿司職人としての道を歩んでいたという。そんな折、「美味しいパンに出会ったことで「米」の文化から「パン」の文化への転換を決めた」と話してくれた。

　パン屋にとって、バケットや食パンなどの食事パンは店の顔のひとつだ。「NIKI BAKERY」は、チェーン展開している店舗であるため、他店と同じ味を求められることもあり、ゆめさんにとってもバケットを上手く作れるようになるのは、ひとつの大きな山場だった。「働きはじめた当初は、なかなか上手く焼けませんでしたが、「NIKI BAKERY」の他店舗へと電話をし、先輩に何度もアドバイスをもらうことで、ようやく今のバケットを焼けるようになりました」と語る。そんなバケットは中がもちっと柔らかく、日本人にとって食べやすく好まれる味となっている。

「NIKI BAKERY」では何十種類というパンが販売されている。パリッとした食感のベーコンエピや、天然酵母の胡桃とクランベリーの天然酵母のパンは常時人気の高い定番商品だ。中でも一番人気はカレーパン。通常のカレーパンに改良を重ね、2015年から新発売となったプレミアムカレーパンは、具材がたっぷりと入った濃厚な味が決め手のパンだ。じゃがいも、にんじん、牛肉がぎっしりと入ったプレミアムカレーパンは衣もカリッと揚げられていて、とても食べ応えのある美味しさである。2階はカフェエリアにもなっており、焼き立てのパンを買って、その場で食べることもできる。

　今や日本人にとっても欠かすことのできない食文化のひとつとなったパン。ゆめさんはこれからも美味しいパンを作り続けていく。

右：パンに使う小麦粉。
左：「丸ごぼうおやき」（210円）のゴマ生地に具を入れるため、めん棒で伸ばす。

本国トルコと同じ味で
トルコパンを日本のスタンダードに

DEGIRMEN
住所：東京都豊島区池袋2-22-3
電話：03-5944-9119
代表者：ディキゴズ・オメル
最寄駅：池袋駅
営業時間：8時～22時
定休日：木曜
創業：2013年

下：常連客の要望で新たにできたカフェスペース。

池袋にあるトルコパンの専門店「DEGIRMEN」。トルコ料理レストランやモスクにも卸している人気店だ。雰囲気たっぷりの店内にはカフェスペースもあり、お客さんが絶えることなく訪れる。

この店のオーナーはトルコ人のディキゴズ・オメルさん。テレビのバラエティ番組に出演したことある人気者のオメルさんに会うため、遠方から来るお客さんもいるという。

トルコで生まれ育ったオメルさんは料理専門学校を卒業後、レストランでの勤務を経て経営もしていた。そんな彼が、なぜ日本でパン屋を開くことになったのだろうか?

写真・文：村上由美

週に一度は自分の食べたい物をじっくり作り、
食べる時間を大切にしているというオーナーのオメルさん。

ゴマのかかったプレッツェル風パン、「シミット」（180円）。
ソーセージやチーズの入ったものもある。

オメルさんが日本へ移住してきたのは2010年。旅行が好きで、アジア諸国を旅をした際、日本に魅かれ、トルコで経営しているレストランを閉めての移住を決意したという。名古屋のレストランで3年間の勤務を経て、「DEGIRMEN」を開店した。トルコ料理が専門のオメルさんがパン職人を選んだのは「日本には、たくさんのトルコ人が住んでいるが、トルコパンの専門店がほとんどないこと、そして日本人がパン好きであることを知ったから」だと語る。

三食すべてでパンを食べるというトルコには100種類を超えるパンがある。現在、「DEGIRMEN」では約30種類ほどを入れ替わりで販売している。それらは本場トルコに行かなければ味わえない味を見事に再現している。「日本で手配可能な材料でトルコの味を再現することが難しかったです」と語るように、小麦粉、塩、砂糖など、材料がトルコの物とは違うため、本場の味を再現するのは簡単ではない。オリーブオイルやチーズ等、日本で手に入るものは、トルコ産を使用しているが、手に入らない種類のチーズや、日本の物よりずっと甘いチョコレート等、トルコパンの為に必要な食材はまだまだあるという。それでも、材料の分量を微妙に変えるなど研究を重ね、本場の味を再現しているという。「トルコ人やトルコに旅行に行ったことのある人に『トルコで食べたものと同じ味』といってもらえることが何よりの褒め言葉ですね」。

今後は店舗を増やすことも検討しているというオメルさん。そうすることでコスト的にこれまで仕入れられなかったチーズやチョコレートなどが使えるようになり、さらに多く種類のトルコパンをたくさんの人に食べてもらいたい気持ちがある。トルコパンが日本で広まるのも、それほど先のことではないかもしれない。

左：トルコの紅茶メーカー、チャイダンルックで淹れた紅茶も楽しめる。

90年以上愛される雑司が谷が誇る町のパン屋さん

赤丸ベーカリー

住所：東京都豊島区雑司が谷１-７-１
電話：０３-３９７１-６６２４
URL：http://www.toshima.ne.jp/~akamaru/
代表者：赤丸尋智
最寄駅：雑司が谷駅、鬼子母神駅
営業時間：10時～20時
定休日：木曜
創業：１９２３年

上：住宅街の中で愛され続ける店舗。下：先代から約５０年使い続けている秤。

豊島区雑司が谷の住宅街にあるパン屋「赤丸ベーカリー」は、１９２３年の創業以来、１００年近くにわって同じ場所に店を構え、地元の人に愛されてきた。もともとは、餅やまんじゅうを扱う生菓子店「赤丸文化堂」として創業し、１９５０年からベーカリーとなった。

現在の店主は赤丸尋智さん（55歳）。創業した祖父の代から3代目にあたる。若き4代目も現在修行中だ。「町のパン屋宣言」を掲げ、流行は追わず、定番を愚直なまでに丁寧に作り続ける「赤丸ベーカリー」は地元のお客さんとともに生きるパン屋だ。

写真・文：渡辺蕗子

みんな大好き「チョココロネ」(133円)。たっぷりすぎるゆえの、はみ出しはご愛嬌。

AKAMARU
BAKERY

3代目と4代目親子。パンへの愛が止まらない。

お店の顔の無添加カスタード入り「クリームパン」(133円)。

パン屋の営業時間と聞くと、早朝から夕方までのイメージがある。しかし、「赤丸ベーカリー」の営業時間は朝10時に開店し、20時閉店と比較的遅めだ。都会の喧騒や通勤ラッシュとは無縁の空間で、お昼と夕方から帰宅時間にかけてが、お客さんの訪れるピークだ。

「赤丸ベーカリー」では、食パンやフランスパン、調理パン、菓子パンなど幅広いメニューが用意されている。食パンに限っても、いろんなお客さんの好みに合わせられるよう、上食パン、イギリスパン、ぶどう食パン、パン・ド・ミの4種類がある。朝はこれら食パンを焼き上げ、お昼には、サンドイッチやホットドッグなどの様々な惣菜パンも並ぶ。

看板商品のひとつ、クリームパンに使われているカスタードクリームは無添加。香料や添加物を一切使わず、毎日手作りしている。「お客さんに自信をもって説明できるものしか作りたくないんです」と赤丸さんは語る。「時間短縮や作業を簡単にする方法はありますが、そういったものには頼らず丁寧に作りたいです」。

また、余すところなく砂糖をまぶし、薄くカリカリに焼き上がったラスクも絶品だ。店のオーブン扉には黒いシミができている。毎日ラスクを焼くときに出る湯気とともについた砂糖が焦げてできたのだという。いくら掃除してもすぐに黒くなるという、そのシミがお店の勲章だ。オーブンとは数十年の付き合い、パン作りに欠かせない秤は50年近く使いこんでいるという。

お客さん、素材、仕事道具、すべてを大切にし、雑司が谷の町とともに変わらぬ姿で変わらぬ味を提供し続ける「赤丸ベーカリー」。暖かさ溢れる町のパン屋さんの味と空気をぜひ味わってみてはいかがだろうか。

右：「あんパン」（133円）。
左：「赤丸ラスク」（257円）。

創業以来100年！
4代に受け継がれる絶品あんぱん

喜福堂
住所：東京都豊島区巣鴨3－17－16
電話：03－3917－4938
URL：http://kifukudo.com/
代表者：金子摩有子
最寄駅：巣鴨駅
営業時間：10時～19時（売り切れまで）
定休日：月曜、火曜（祝日と縁日（4のつく日は営業））
創業：1916年

下：店内には、イートインスペースも設けられいる。

JR巣鴨駅から、とげぬき地蔵尊通り商店街を歩いて徒歩5分。「昔ながらの味　日本一のあんぱん」と書かれた、えんじ色の幕が目に飛び込んでくる。1916年創業の老舗パン屋「喜福堂」だ。

100年前に深川で店を開いた当時は、コッペパンにあんとバターを塗り込んだあんバターが人気商品だった。関東大震災を経て、この地に移転してきた。現在の店主は4代目の金子摩有子さん（40歳）。日々、売り場、製造現場を監督し、自ら先頭に立って引っ張っている。

写真・文：長谷川圭佑

4代目店主の金子摩有子さんと看板商品の「あんぱん」。

「あんぱん」は、ひとつひとつ手包みすることにこだわっている。

子どもの頃から2代目の祖父・八三郎さんが餡を練り、パンを作る姿を見て育ったという摩有子さん。短大卒業後すぐに「喜福堂」で働きはじめた。以来、早逝した先代である父・房義さんの後を継ぎ、20年にわたり店を切り盛りしてきた。「もの作るということが、自分の性に合っていると思います」と伝統ある店を継ぐことは自然と受け入れることができたという。

店の看板商品は、全生産量の約8割を占めるというあんぱんだ。こしあん、つぶあんの2種類に加え、小さいサイズのものも販売している。餡の炊き上げは、摩有子さんが自ら担当。使っている餡は砂糖の中でも最も純度の高い氷砂糖だ。製法は和菓子職人だった時代から現在も変わっていない。また、先代の手によって完成されたパン生地は、ふわっとしながらももちもちの食感が特徴だ。「どんな店も、自分の店の看板商品を持ちたいと思いますが、私の場合は先代から、あんぱんという人気の看板商品を与えてもらえました。これは、すごく感謝しなければいけないことだと思っています」。

一方で、高価な氷砂糖や小麦などの原材料の高騰や、「おばあちゃんの原宿」として高齢者で賑わった巣鴨の商店街が世代の移り変わりで客層に変化があるなど、オーナーとして、頭を悩ませる部分も多い。それでも、「この先もあんぱんがメインの店だというのは変わりません」と、受け継いだものを土台に「あんぱんをブランド化して提供していく」、「若者向けのアプローチを考える」など、新たなものを積み上げていきたいと前向きだ。

初代が創業し、2代目の餡、3代目の生地で完成させた伝統のあんぱんがある「喜福堂」を4代目の摩有子さんはこれからも守り発展させていく。

右：「あんぱん」(216円)。
左：「クリームパン」(216円)。

愛され続けて80年！
今もかわらぬ下町の味

パンのオオムラ

住所：東京都荒川区南千住1-29-6
電話：03-3891-2957
代表者：大村利和
最寄駅：三ノ輪橋駅／三ノ輪駅
営業時間：9時〜18時30分
定休日：水曜
創業：1930年頃

2代目益太郎さん（右）と3代目利和さん（左）。

都電荒川線の始発駅三ノ輪橋駅。その線路に寄り沿うようにジョイフル三ノ輪商店街がある。活気ある商店街をしばらく歩くと、パンが焼けた芳ばしい香りが漂ってきた。その先に現れたのは、懐かしい雰囲気の看板を掲げた「パンのオオムラ」だ。

創業80年、3代続く「オオムラ」の店主・大村利和さん（52歳）は「特にこだわりはない」と謙遜するが、軒先に吊るされた赤い短冊には、「体に良く胃にやさしい、全品無添加で安心してお召し上がりいただけます」「酒種でじっくり仕上げた伝統の味」など、創業以来、守り続ける伝統を感じさせる。

写真・文：小林俊彦

コロッケパンの焼き上がり。

パン生地を作る益太郎さん。

素材と味にこだわり美味しく焼き上げ
テレビ雑誌でおなじみ手作りパンの店
体に良く胃にやさしい全品無添加で安心してお召し上がりいただけます
酒種でじっくり仕上げた伝統の味
米ぬか油でサックリ仕上げたコロッケパン
風味よく味の良いおすすめラムレーズン入りぶどうパン
上品な塩味で仕上げたイギリスパン
ほどよい辛さの自家製カレーパン
自家製
焼きたてのパン

店先

「オオムラ」では和利さんとその父・益太郎さん（85歳）がパン製造、兄嫁の千枝さんとパートさんが販売を担当している。

今でも現役で作業台の前に立ち続ける先代・益太郎さんは、和利さんとともに朝から晩まで作業場に立ちっぱなしでパン生地を捏ねている。もくもくとパン生地と向き合う姿は、まさしくパン職人だ。作業台の上にあった秤を指して「この秤はね、戦前から使ってんだよ！」って誇らしげに語る。

狭い作業場で、そんな親子が長年培った無駄のない連携作業で、毎日30種類のパンを焼く。人気のパンはコロッケパンとハムカツパン。いずれも一口ほお張ると、ソースの香りが口に広がり、「そう、これこれ」と思わずニンマリしてしまう。やさしく懐かしい素朴な味は昔の記憶が蘇ってくるようだ。

昼近くなると、商店街は活気づいてくる。アルミトレーに乗せられ、ガラスのショーケースに入れられた「オオムラ」の店先では、「サンドウィッチ、そこにあるの全部！ 帰りに寄るから！」と声をかけて自転車で走って行くおばさん、「こないだの牛乳パン、美味しかったわよ」と声をかけ、世間話をしながらパンを買っていく近所の奥さんなど、パンの味もさることながら、こういった楽しい会話も「オオムラ」のパンの隠し味。利和さんと益太郎さんにとっても、この何気ない会話が最高の褒め言葉だろう。生活の中に当たり前のようにある店、パンが人と人とをつなげていく。

この街で愛され続けて80年、ここには今も、そしてこれからも、よき下町の風情が息づいていくのである。

右：「コロッケパン」（135円）。
左：「ハムカツパン」（135円）。

懐かしいけど新しい 世代を超えて愛されるコッペパン

ニューコッペパンの店「みはるや」

住所：東京都荒川区東日暮里4-20-3
電話：03-3801-3542
URL：http://miharuya.web.fc2.com/
代表者：須藤芳男
最寄駅：鶯谷駅
営業時間：6時〜（売り切れまで）
定休日：日曜、祝日
創業：1951年

上：期間限定で「照り焼ききんぴら」、「ポテトきんぴら」なども販売されている。下：笑顔で迎えてくれる母・高子さん。

鶯谷駅から歩いて10分。蜜柑色の屋根をした味わいのあるパン屋がある。『ニューコッペパンの店「みはるや」』だ。

朝6時の開店直後から、早朝は出勤前の職人や警察官にサラリーマン、昼は近所の主婦や、近くにある相撲部屋の力士などがひっきりなしに集う。週末にはこの店のパンを目当てに遠方からも多くの客が訪れる。午後の早い時間に売り切れてしまうことも珍しくない。

「オススメは特にないよ」と語るのは店主の須藤芳男さん（58歳）。オススメはなくとも、「みはるや」のコッペパンは老若男女に愛されている。

写真・文：久原健吾

毎朝４時頃から準備をはじめるという須藤さん。

屋
店

三《み》陽《はる》
コッペパン
懐かしいけど新しい
ニューコッペパン
みはるや
COFFEE
とりゴボー
250えん

「みはるや」のルーツは戦前に上野で「さんよう社」という鉛筆工場を営んでいたという須藤さんの祖父の代までさかのぼる。その後、1951年に父・俊徳さんが現在の地でパンやお菓子の販売、しょうゆや油の量り売りのお店として「三陽屋」を創業した。

須藤さんは地元・荒川区の高校を卒業後、東映の大泉撮影所に研究生として入り、映画製作や俳優業で活躍。2001年には映画の製作やイベントの企画・運営の会社を立ち上げている。しかし、俊徳さんが体調を崩したこともあり、2006年に三陽屋を継ぐことを決意。店名を現在の『ニューコッペパンの店「みはるや」』として、コッペパンだけを扱う専門店とした。

ニューコッペパンとは「映画製作で色々な所へロケに行き、自然と舌が肥えた。ただただお客さんに美味しいものを提供したい」という思いで須藤さんが研究を重ねた「年配の人には懐かしく、若い人には新しく感じられる」コッペパンである。

また、対面販売も、「みはるや」のこだわりだ。カウンターでは、看板娘の母・高子さん（84歳）が笑顔で出迎えてくれる。「お客さんとお話しするのが楽しい」と語る高子さん。高子さんの笑顔と会話を楽しみに訪れる客も少ない内だろう。

レトロな雰囲気のお店で高子さんに手渡されるコロッケ、ウインナー、ハムカツ、やきそば、ベーコンエッグ、白身魚などが挟まれたコッペパンは、どれを食べても「懐かしいけど新しい」そんな味わい深さが感じられる。「オススメは特にないよ」と話してくれた須藤さんの言葉に納得がいった。

右：「ベーコンエッグ」（220円）。
左：「ウインナー」（230円）。

パン作りを愛してやまない素材にこだわるカフェベーカリー

カフェむぎわらい

住所：東京都荒川区東日暮里1－5－6
電話：03－5850－6815
URL：http://homepage2.nifty.com/mugiwarai/index.htm
代表者：中川雅恵
最寄駅：三ノ輪駅
営業時間：8時～19時（ラストオーダー・18時30分）
定休日：なし
創業：2004年

上：
下：

荒川区にあるカフェベーカリー「むぎわらい」の木彫りの看板と緑と花々に囲まれた煉瓦造りの店構えは、大通りに面していることを忘れてしまう雰囲気を醸し出している。

「パン作りのキッカケは習いごとです」と語ってくれたのは、店主の中川雅恵さん。いわゆる趣味のパン作り教室に通う中で出会った、パン作りの先生に依頼されてカフェなどにパンやお菓子を提供しはじめた。そこで評判になり、徐々に注文が増えてきたことで、お店を開くことになったのだという。

写真・文：太田梨奈

上：ハート形の「ゴマパン」（各ホール 480 円）。

左：ひよこ豆たっぷりの「カレーパン」（180 円）。
右：4 種の国産小麦ブレンドの生地の「くるみとクリームチーズカンパーニュ」（200 円）。

「むぎわらい」のパンは、国産小麦、天然酵母、自然塩を使用。その他の素材もできる限りオーガニックにこだわっている。水も水道水ではなく活性アルカリイオン水を使用している。化学調味料、保存料などは一切使っていない。

また、小麦粉の美味しさを引き出すため、お米からできた天然酵母でゆっくり発酵させており、できあがるまでに2日〜3日をかけている。「酵母自体に自然の甘みとコクがあり、発酵によって、甘みが深まるので、砂糖の使用を抑えることができます」とあくまで、素材にこだわる。

中川さん自身、店舗の上階に住み、心配で夜中に醗酵具合を見に行くこともある。「工房から離れたところから通うことは考えられません」と語るほど、パン作りに没頭する毎日だ。

店を開店した2004年ごろは、「自然食」という概念もまだ浸透しておらず、お店が存続できるか不安もあったそうだ。だが、その心配も杞憂だった。人情的な下町の三ノ輪で、丁寧で誠実なパン作りの姿勢が受け入れられるまでそれほどの時間はかからなかった。今では近所でも評判のパン屋だ。

「せっかくパン屋をはじめるなら、食べ方も提案したい」との思いから、店内にはカフェスペースもある。外観同様、木や煉瓦を使った内装は落ち着いた雰囲気で、パンとともにスープやコーヒーなど、豊富なカフェメニューを楽しめる。

パン作りが好きで好きでたまらない。そんな店主が迎えてくれる下町の素敵なカフェベーカリー「むぎわらい」。安心で美味しいパンが食べられるこの店に、ぜひ一度訪れてもらいたい。

右：カフェスペースのある落ち着いた店内。左：天然酵母や雑穀などを使った手作りのパンが30種類ほど並ぶ。

個性あふれる店内で生まれる良質な北海道産小麦を使ったパン

nukumuku

住所：東京都練馬区貫井1-7-25
東京都世田谷区太子堂5-29-3（2016年9月末より）
電話：03-3825-5404
URL：http://tnukumuku.exblog.jp/
代表者：与儀高志
最寄駅：中村橋駅
営業時間：10時～19時
定休日：月曜、火曜
創業：2006年

下：笑顔で温かく迎えてくれるオーナーシェフの与儀さん（中央）と奥さんの文美さん（右）

西武池袋線・中村橋駅を降り、飲食店などが立ち並ぶ商店街の中を歩くこと3分。突如、カラフルな店が現れる。パン屋の「nukumuku」だ。

店のドアを開けると、一面に広がるパンと雑貨。アメリカンビンテージの雑貨は壁や天井にまで、ぎっしりと飾られており、そんな空間が100～150種類あるパン選びを楽しくさせてくれる。オーナーシェフの与儀高志さん（39歳）は「親しみやすいお店を作って、よりパンを好きになってもらいたい」という思いから、この内装にしたと話す。

写真・文：関根亜矢子

翌日に使用するパン生地の準備をする与儀さん。

個性豊かな店内には、こだわりの素材で作られた、たくさんパンの他、
自家製プリンやケーキなどのスイーツ、近所のフレンチレストランから取り寄せた惣菜が並ぶ。

Ready to plug in, turn on.
Ice Capades
JOB OPPORTUNITY AVAILABLE

無農薬小麦キタノカオリや、ライ麦などを配合した「粉と酵母のバゲット」(260 円)。
外はカリッ、中はモチッとした食感。

与儀さんは高校卒業後、アパレル企業に勤務。しかし、「手に職をつけたい」と考え、会社を退職する。夜間の製菓専門学校に通いながら、大手チェーン店や個人経営のお店、ドイツでの海外留学など、様々なパン屋で10年間の修行を行う。そして２００６年に「nukumuku」をオープンさせた。

店名の由来は、「温かな気持ちで美味しいパンを作って、お客様をお出迎えしたい。すべてのお客様にその温かなぬくもりに浸ってもらいたい」という思いからつけられている。

パン作りのこだわりは、安心・安全で、質の良い国産小麦を使うことだ。与儀さんが小麦にこだわるようになったのは、オープン2、3年後にオーバーワークにより体調を崩したことがきっかけだ。当時は若かったこともあり、自分の食生活にあまり気を使っていなかったという与儀さん。しかし、その経験から「食べたものは必ず自分自身に返ってくることに気づきました」と、質の良い小麦を使った、体に優しいパンを作ろうと考えたのである。

人気商品のバゲットは「顔の見える生産者の小麦」を使用している。北海道十勝には志の高い小麦農家が多い。十勝まで足を運び、小麦畑を見学し、農家の方に話を聞く。このようにして知り合った信頼できる農家の小麦を選んでいるのだ。

バゲットは複数の種類の小麦を配合して作られる。そのうちのひとつ、十勝・音更町のキタノカオリは無農薬小麦だ。「広大な小麦畑で、農家の方が苦労して育てています。手が掛かっている分だけ、他の小麦とは味が違うんです。ぜひ食べてみてほしいですね」と与儀さんは語る。

「安心・安全な、おいしいパンを楽しく食べてもらいたい」与儀さんの愛情が詰まったパンは、今日も食べた人の心を温かくしている。

右：人気商品の「てんさい糖フランスパンドーナツ」（160円）。もちもちとした噛みごたえが特長。左：お店のロゴにもなった看板商品の「クリームパン」（200円）。自家製のカスタードクリームがたっぷりと詰まっている。

独自に改良を重ねた職人こだわりの生地

ソルカノルカ

住所：東京都練馬区北町2-13-11北町大木マンション1F
代表者：杉本雄一
最寄駅：東武練馬駅
営業時間：9時～20時
定休日：火曜
創業：2011年

上：シンプルなデザインの店舗外観。下：店主の杉本さん（中）とスタッフのみなさん。

東武東上線、東武練馬駅から徒歩5分の場所にあるパン屋「ソルカノルカ」。オシャレなパンからシンプルなパン、固めのパンから柔らかいパンまで、約70種類が並ぶ。

「子どもの頃、週に一度近所のパン屋に連れていってもらったんです。そのときに食べた甘いパンは子ども心に贅沢を感じ、すごく幸せな気持ちになりました」とパン職人になるきっかけを語ってくれたのは、店主の杉本雄一さん（39歳）だ。高校卒業後、パン作りの専門学校、都内のパン屋で修行を経て、2011年に独立。「ソルカノルカ」を開業した。

写真・文：山内翼

様々な年齢層のお客さんが訪れる店内。
ベビーカーがそのまま入れるため、子ども連れのお母さんも多いという。

パンと向き合う時間を確保するためにも、設備投資は惜しまないという杉本さん。

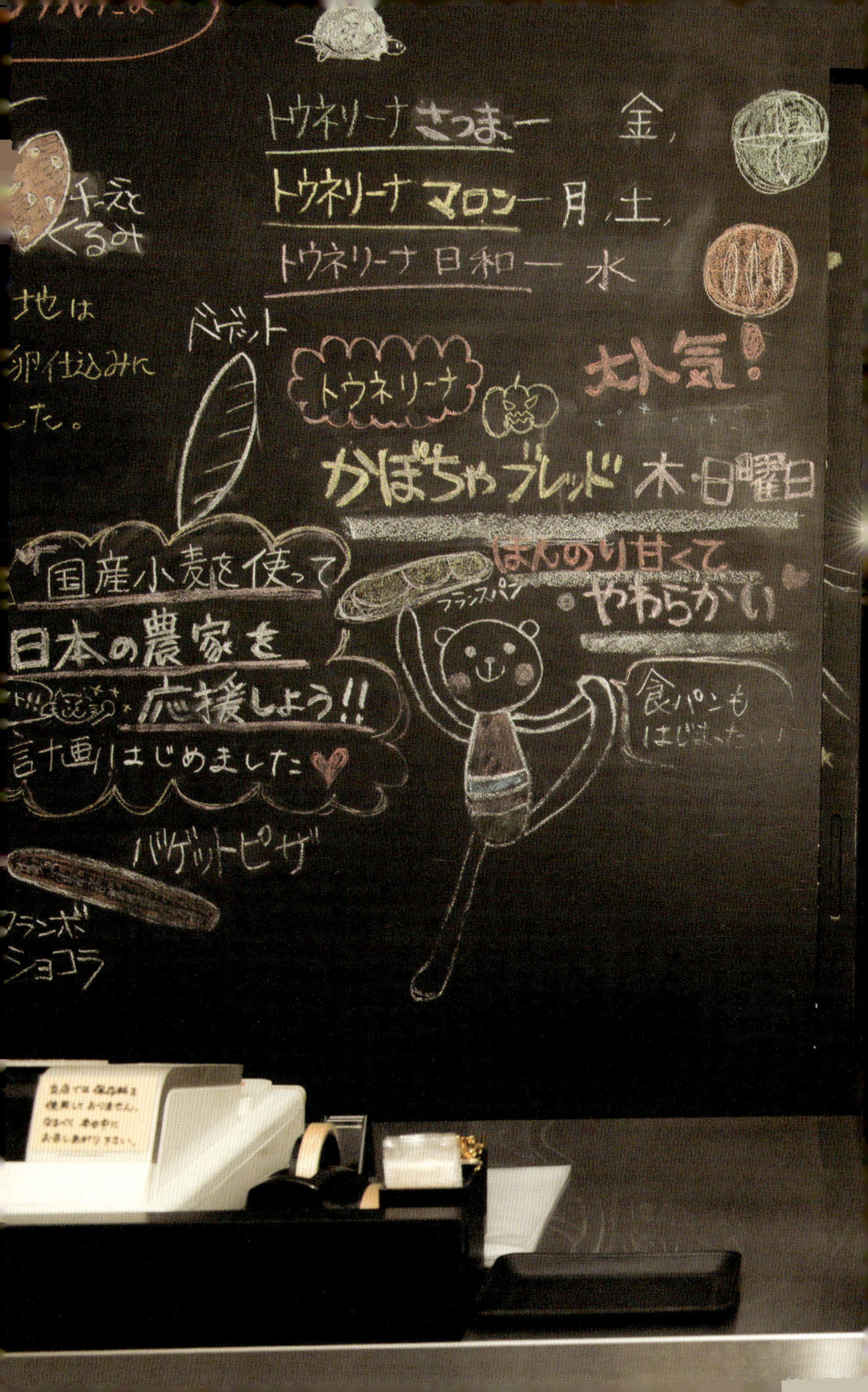

トウネリーナ さつまー 金,
トウネリーナ マロンー月,土,
トウネリーナ 日和ー 水
チーズと くるみ
地は
卵仕込みに
した。
トウネリーナ
大人気!
かぼちゃブレッド 木・日曜日
ほんのり甘くて
やわらかい
フランスパン
国産小麦を使って
日本の農家を
応援しよう!!
計画はじめました
食パンも
バゲットピザ
フランボ
ショコラ

右「トウネリーナ」(210円)。左「マインツブロート」(480円)。

「ソルカノルカ」のパンはすべて杉本さんが1人で作っている。その数、1日約700個。翌日の仕込みも含め、朝5時から閉店後の21時まで、パンを作り続ける。「半分仕事、半分趣味みたいな感じ。どこのパン屋も同じだと思いますが、好きじゃないとできない仕事だと思います」。

杉本さんがもっともこだわっているのが、生地である。修行してきた店の配合ではなく、これまでの経験をふまえて独自に改良を重ね、自らが思い描く生地を追求している。「ウチのパンはすべてオリジナル。たとえば『フランスパンが好きではない』という人にも、ウチのフランスパンを試してもらいたいですね」。

小麦やライ麦などの材料は産地を限定せず、自らが良いと思ったものを使う。低温長時間発酵の生地は添加物を一切使わない。そのため、パンの発酵具合によって店に出すタイミングがズレることもあるという。

「生地は完全に生き物。その日の気候はもちろん、小麦粉が取れたときの気候にもよっても変化します。同じ小麦粉でも、粉袋が別になれば違ってくる。加えて、入れるバターによっても変わってきますしね」。このようにして、無限の組み合わせによる生地の変化と日々、向き合い、試行錯誤を繰り返していくのだ。「毎日同じものを作ることが、こんなにも難しいのか、と思います。毎日調整をしないと、同じ味は出ないですから。生地と向き合うことが、最も難しく、苦しく、最高に面白いところ」という言葉には、職人としての誇りが感じられる。

パン職人になって、約20年。杉本さんは「お客さんの笑顔を見ることができることが嬉しい」とやりがいを語る。子どもの頃、パンを食べることが幸せだったという彼の作るパンは今、多くの人を幸せな気持ちにしている。

右:発酵にこだわった「バゲット」(210円)。左:この店オリジナルの食事パン「ソルノル全粒」(190円)。

手作りにこだわる
昔ながらの町のパン屋さん

ミサキベーカリー

住所：東京都足立区千住寿町20－4
電話：03－3888－3757
URL：http://www.misaki-bakery.com/index.html
代表者：三崎功
最寄駅：北千住駅
営業時間：6時～20時30分
定休日：月曜、日曜、祝日
開店年：1959年

下：店主の三崎功さんと奥さんのフジコさん

JR北千住駅西口から国道4号線方面に10分ほど歩くと緑色の屋根をした「ミサキベーカリー」が見えてくる。シンプルな店構えは清潔感があり、店内はどこか懐かしい雰囲気だ。

お店は、店主の三崎功さん（77歳）を中心に奥さんと娘さん、従業員7名で営まれている。息子さんもパン職人で、現在は同じ千住で「しげぱんはうす」を営業中だという。

朝早くから、パン作りに励む三崎さんの目は真剣そのもの。半世紀以上にわたって、パンを作り続けてきた三崎さんには年齢を感じさせない力強さがある。

写真・文：山田博美

毎朝４時頃からパン生地の仕込みがはじまる

三崎さんは浅草生まれの77歳。幼い頃に東京大空襲に遭い、6歳で足立区千住に移り住む。当時は食糧難で学校に給食はなく、弁当を持って来られる子どもは少なかった。そんな時代、美味しそうなパンを焼く町のパン屋さんが、三崎少年にとってあこがれの職業だった。「そんな昔からの夢は叶わないよっていうんだけど、これが証拠だよ」と見せてくれた小学校の卒業アルバムには「ぼくはパンやになりたい」と書かれていた。中学校卒業後、パン屋に住み込みで働き、パン作りの修行に打ち込んだ。そして、1959年7月、三崎さんが20歳のときに念願であった自分の店「ミサキベーカリー」をオープンさせた。

「ミサキベーカリー」では、具材などはできる限り店で作っている。マヨネーズやトマトソース、ピーナッツバター、サラダなどは手作り。自家製のマヨネーズで作るたまごサンドは格段の美味しさだ。コロッケも専門の職人が作っている。「冷凍物を使えば安くて簡単だけど、他の店と横並びの同じ味になってしまうからね」と、こだわりを語る。

また、パンの基本である生地作りも「たとえ同じ材料、分量を使っても、手間の掛け方次第で味に大きな差が出てくる」と話すように、季節や気温によって水の温度を変えるなど、毎回生地の状態を見ながら作っている。長年培ってきた経験と技の賜物だ。そうして出来上ったパンは、大量生産のものとは、ひと味もふた味も違う。特に食パンは、きめが細かく深い味と存在感に驚かされる。

子どもの頃からの夢を叶え、パン作り一筋で働いてきた三崎さん。「手間をかけて作ったパンを『美味しい』といってくれるのが、なにより嬉しい。ゆくゆくは息子に店を任せ、元気なうちに妻と旅行や釣りに出掛けたいね」と優しい表情で笑った。

右：自家製コロッケをはさんだ「コロッケパン」（170円）。左：むかし懐かしい味がする「甘食」（2個入り150円）。

歯ごたえと深い味わい ドイツ人マイスター直伝のパン

ドイツパン専門店　リンデ

住所：東京都 武蔵野市吉祥寺本町1-11-27
電話：0422-23-1412
URL：http://www.lindtraud.com/
代表者：藤本賢二
最寄駅：吉祥寺駅
営業時間：10時〜19時
定休日：年中無休（除く年末年始）
創業：1997年

下：左からパン職人の新井雄さん、中村春一さん、室田勝美さん、佐山孝治さん。

住みたい街ナンバー1にも選ばれる吉祥寺。駅北口を出て、サンロード商店街を歩いて行くと、大きな黄色いプレッツェルの看板が目にとまる。ドイツパン専門店の「リンデ」だ。店内には一番人気のプレッツェルをはじめ、ところ狭しと存在感のあるパンが並ぶ。形をながめるだけでも面白い。ライ麦パンばかりでなく、甘いペストリーやアップルパイ、ジャムやクリームの入ったドーナッツもあり、2階のカフェでコーヒー片手に一休みも楽しい。

写真・文：有賀由理

じゃがいもを練り込んだライ麦パン「カトフェルブロート」(584円)。

プレッツェルと岩塩のハーモニー。

「リンデ」のパン職人の1日は、午前1時にはじまる。次から次といろいろな形の個性的なパンが特性高温ガス窯から焼き上がってくる。

工房長の中村春一さん（57歳）は高校を卒業後、パン職人の道に進んだ。その後、「リンデ」で働きはじめ、ドイツパンに出会う。そのときの思いを「ドイツパンがこんなに美味しいとは思わなかった」と語る。

中村さんはドイツでマイスターから本格的なパン作りを学び、帰国後もマイスターからドイツパンの作り方を徹底的に教え込まれたという。中村さんはパン作りに対してあるこだわりを持っている。それは「マイスターに教わった通りにやる。自分で勝手にアレンジしない」ということだ。分量も作り方も何ひとつ変えず、マイスターから受け継いだままに作るからこそ、本場のドイツパンを味わえるのだろう。

パン職人歴38年になる中村さんのオススメは、カトフェルブロート。じゃがいもを練り込んだライ麦28％のパンだ。サンドイッチに良く合う。薄くスライスして、ハム、チーズ、ローストビーフ等、そしてレタス、キュウリ、トマトをはさむ。アクセントにピクルスとマスタードを。

もう1つのオススメは、ヌスブロート。香ばしいへーゼルナッツとクルミがたくさん練り込まれたライ麦30％のパン。「一番美味しい食べ方は、むしってそのまま食べる」と語る中村さんの嬉しそうな顔が美味しさを物語っている。軽くトーストしてクリームチーズ、ジャム、ハチミツも絶妙に美味しいそうだ。

オープンから約20年。ドイツパン好きにとって、中村さんはじめ「リンデ」のパン職人が本場の味を伝え続けてくれることは、とても幸せなことだと感じた。

右：ヘーゼルナッツとクルミが練り込まれたライ麦パン「ヌスブロート」（843円）。左：カイザー：ドイツやオーストリアで親しまれる食事パン「カイザー（黒けし）」（152円）。

世界遺産の富士山の溶岩窯で焼くこだわりパン

グラスハープ
住所：東京都西東京市田無町7-3-32並木パレス1階
電話：042-467-7800
URL：http://grassharp-hp.jugem.jp/
代表者：森山秀幸
最寄駅：田無駅
営業時間：7時30分～19時
定休日：日曜・第3月曜
創業：2003年

上：オレンジの屋根と看板が目印。
下：店主の森山秀幸さんと奥さんの直子さん。

田無駅から青梅街道沿いに歩いて約10分。オレンジ色の看板が目に飛び込んでくる。溶岩窯のパン工房「グラスハープ」だ。店の扉をあけると香ばしい香りが漂う。その名の通り売り場から見える工房の入り口にはレンガ作りの大きな富士山溶岩窯がある。

「店をはじめる前、溶岩窯で焼いたパンとオーブンで焼いたパンを食べ比べたことがあったんですが、その差は歴然。溶岩窯なしで、自分の目指すパンは絶対作れないと思いました」と話してくれたのは、話好きで気さくな店主の森山秀幸さん（49歳）だ。

写真・文：熊谷真希子

豆大福のような見た目の一番人気、「塩豆あんぱん」（154円）

溶岩窯は遠赤外線の発生量が豊富だ。オーブンと違い、窯は焼き時間が短い。そのため、内側は水分を保ったまま、ふっくらしっとり、外側はパリパリと、理想の美味しさに焼き上げることができる。「グラスハープ」では、富士山の溶岩窯を使用してパンを焼いている。

店内には食パンや調理パン、菓子パンをはじめ、80種類ほどのパンが並ぶ。中でも人気ナンバーワンは塩豆あんぱんだ。赤エンドウ豆を白パン生地に混ぜて焼きあげており、甘さひかえめの粒あんに、豆の塩味が合わさり、やさしい味に仕上がっている。

もう1つのおすすめは西東京市の一店逸品に認定されている溶岩パンだ。溶岩パンは素朴な甘みが味わいのプレーンとくるみ入りの二種類ある。そのごつごつとした見た目はまるで溶岩そのもの。溶岩窯で直焼きしてあり、もっちりとした歯ごたえがやみつきになる。

もともとサラリーマンだった森山さん。自分の店を持ちたいという思いがある中で、奥さんの知り合いにパン屋がいたという巡り合わせもあり、パン職人の道へ進むことになる。その後、2003年に「グラスハープ」を開店。現在まで夫婦二人三脚で地域に愛されるお店を作り上げてきた。

日替わりで定価より約3〜4割安くなるサービスパンを用意していたり、簡単なレシピや、パンに関するちょっとしたまめ知識を掲載した「グラスハープ通信」を店内で配布したりと、お客さんに喜んでもらうために手間を惜しまない。美味しさはもちろん、森山夫婦のサービス精神や人柄が、「グラスハープ」をたくさんの人に愛されるパン屋へと、成長させてきたに違いない。

右：「メロンパン」（130円）。
左：「溶岩パン」（プレーン113円、くるみ134円）。

本物を届けるために食の大切さを追求するパン職人

ラ・ブーランジェリー・ヒラツカ

住所：東京都東久留米市中央町5-13-20ルネ前沢103
電話：042-475-1757
URL：http://laboulangerie-hiratsuka.com
代表者：平塚浩一
最寄駅：東久留米駅
営業時間：11時～19時
定休日：火曜
創業：2007年

下：オーナーの平塚さんと奥さんの今日子さん、息子の朔之介くん。

東京都東久留米市中央町に位置する「ラ・ブーランジェリー・ヒラツカ」。木の香りがする店には常連客が多い。開店時間である11時前には、すでに人が並んでいる。

「一人で全てのパンを焼き上げるため、開店はどうしてもこの時間になってしまうんです」とオーナーの平塚浩一さん（49歳）は申し訳なさそうに語る。お客さんが開店前から並ぶのは、平塚さんのモットーである「安全で美味しく毎日食べたい本物のパン」を求めてである。

このパンが生まれるまでには、平塚さん自身の体験とパンにかける情熱があった。

写真・文：澤田 潮

年季の入った量りでデニッシュを量る。

6
1 2 3 4 5 6
7 8 9 10 11 12 13
14 15 16 17 18 19 20
21 22 23 24 25 26 27
28 29 30
7
1 2 3 4
5 6 7 8 9 10 11
12 13 14 15 16 17 18
19 20 21 22 23 24 25
26 27 28 29 30 31

朝の厨房。一人で毎日 50 種類以上のパンを黙々と焼き上げる。

作成中のコロネ。ツヤが美しい。

平塚さんはパン職人になる前のサラリーマン時代に体調不良を食事療法によって治した経験を持つ。以来、食の大切さを身にしみて感じるようになった。そして、素材にこだわる店として紹介されていた横浜のパン屋の記事を見て訪問。食したカンパーニュに感動し、そのまま脱サラして弟子入りしたという。

横浜のパン屋で3年、さらに新宿のパン屋で3年修行したのち、地元の東久留米市に「ラ・ブーランジェリー・ヒラツカ」をオープンした。「開店当初は、頑固なコンセプトが受け入れられないのではと心配な時期が3年程続きました」という中での開業だった。

「ヒラツカ」では安全な素材にこだわり、ショートニングやマーガリン、添加物、保存料を一切使っていない。惣菜パンの具材やクリームなどもすべて手作りだ。すべてのパンの「顔」の美しさにこだわっている。もちろん味にも妥協はしていない。

「やはりお客さんに美味しいといっていただいたときが一番嬉しいですね」と語る平塚さんのオススメは、自家製酵母を使ったシンプルなハード系のパン。中でも見た目も迫力あるリュスティックは、素朴さが感じられる本物ならではの味わいだ。もちろんサンドイッチやトーストにしてもよいが、焼きたてを少量のオリーブオイルにつけて味の深みをご賞味いただきたい一品に仕上がっている。

平塚さんの朝は早い。朝4時、一歩足を踏み入れたと同時に厨房は戦場に変わる。食の大切さを追求し、お客さんの美味しいのひと言のためにパンを作る男は、今日もたった一人でパンと向き合い続ける。

右：平塚さんが修行した横浜のパン屋から受け継いだ「カンパーニュ」（ホール600円）。左：もっちりとした「ルヴァン カランツ＆くるみ」（380円）。

夫婦で夢を実現
温かさ・優しさ溢れるパンの店

無添加　焼きたてパンの店「Ripple」

住所：神奈川県川崎市中原区木月3-10-20永塚ビル1F
電話：044-863-6554
URL：http://www.ripple-motosumi.jp
代表者：濱田加奈子
最寄駅：元住吉駅
営業時間：10〜19時（売り切れまで）
定休日：月曜、火曜
創業：2012年

上：「Ripple」の可愛らしいロゴがドアの前でお出迎え。下：ショーケースの下には花などが描かれたタイルが貼られている。

東急東横線元住吉駅から、徒歩8分。モトスミ・ブレーメン通り商店街を抜けると板張りのテラスがオシャレな一軒のパン屋が見えてくる。店の入り口では、香ばしい香りとともに、にっこりと微笑む可愛らしいロゴが出迎えてくれる。

お店の名前は「Ripple」。英語で「波紋」を意味する。どこまでも続く波紋を表したロゴには、「焼きたてのパンの香りと幸せを笑顔とともにお客さんに届けたい」という願いが込められている。

写真・文：松澤咲英

リップル
OPEN

ご主人の濱田薫さんとオーナーである奥様の加奈子さん。

ロゴが入った手作り「コロッケサンド」(220円)。

ドアを開けるとオーナーの濱田加奈子さん（54歳）の元気な声が響き渡る。奥の厨房では、ご主人の濱田薫さん（65歳）がパンを焼いている。薫さんは、19歳で料理の道に進み、約40年にわたり東京や横浜のレストランでシェフとして働いてきた。「いつか自分たちの店を持ちたい」という加奈子さんの夢を応援するため、定年後、夫婦でパン屋を営むことを決意。一からパン作りを学ぶため、二人で独立開業を支援する岡山県のパン屋まで修行に行き、２０１２年に「Ripple」をオープンさせた。

「パン作りは、シェフの仕事とは全く違う」と薫さんは語る。はじめのうちは、厨房のあちらこちらで鳴るタイマーに追われ、戸惑う日々が続いた。今では、感覚が身につき戸惑うことはなくなったというものの、生地の柔らかさやふくらみ具合などを見て、より美味しいパンを焼くため、日々、努力を続けている。

オススメは、店のロゴが焼印された見た目も可愛いコロッケサンド。店内でコロッケを揚げるなど手作りにこだわっている。ランチに美味しく食べられるようお昼に合わせて棚に並べる。パンの他にも、パンの釜を使って作る「昔ながらのプリン」もあり、デザートとして好評だ。

また、加奈子さんの「自分の個性をお客様に伝えたい」という思いから手作りのバックや携帯ケースも店内で展示、販売している。

「パンを食べることが昔から好きだった」と笑顔で語ってくれた加奈子さん。夫婦二人三脚で営む「Ripple」には、温かさと優しさが溢れている。

右：夏季限定の「枝豆のおやき」（160円）。左：加奈子さん手作りのフェルト生地のバックや携帯ケース。

スタイリッシュなのに落ち着く NYスタイルのパンと空間

ブラフベーカリー

住所：神奈川県横浜市中区元町2-80-9モトマチヒルクレスト1F
電話：045-651-4490
URL：http://www.bluffbakery.com/
代表者：栄徳剛
最寄駅：元町中華街駅
営業時間：8時〜18時30分
定休日：無休
創業：2010年

上：草間彌生グッズのかぼちゃ型ペーパーウエイトとお店のブックレット。

老舗からニューウェーブまで、あまたのベーカリーがひしめきあう横浜元町。元町メインストリートからゆるやかに続く代官坂を上ると、鮮やかなブルーの旗と扉が見えてくる。「ブラフベーカリー」のオーナー、栄徳剛さん（39歳）は横浜出身。小学生の頃から慣れ親しんだ代官坂に出店することを決めていた。パン職人だった祖父と父の背中を見て育ち、自然と同じ道を進んだ。フランスやアメリカでパン作りの研修を受け、19歳からフランス人シェフの下で本格的に学んだ。その経験から作り出されるパンは、味はもちろん、見た目からもアメリカを感じさせてくれる。

写真・文：稲垣めぐみ

BLUE BAKERY

WIESHEU
SIMPLY BETTER

オーナーの剛さんと奥さんの友紀さん。

「ミルクブレッド」（210円）。

お店のコンセプトは「アメリカっぽい世界観」。NYにありそうなパン屋ではなく、DEAN&DELUCAのようなセレクト感を目指した店作り。多民族からなるアメリカならではの多種性をパンで表現した。日本のパンの主流が小さいサイズのパンになりつつある中で、サイズ感もアメリカらしい大きさにこだわった。

近隣にある老舗ベーカリーと競合しないよう、パンはもちろん、空間作りにもオーナーのこだわりが光る。作業場と店内を隔てる白い壁には横長の大きな窓が空いており、作業風景がまるで絵画のように見える。その窓は、開いていている時は開放的で、閉めると絵が現れ、また表情を変える。お店のロゴデザインも、草間彌生グッズを手がけるデザイン会社に依頼したものだ。シンプルでいて印象深い。それはパンの味にも共通している。

お店の1番人気はブラフブレッド。場所柄、お客さんの約2割を占める外国人に人気なのはホールウィットブレッド。いずれも指で押すとはね返ってくるほどの弾力の強さに驚く。もちもちとした食感がクセになる美味しさだ。お店のロゴ入りペーパーで巻かれたミルクスティックは、見た目もオシャレで、優しい甘さが人気の商品だ。1g2円のキャロットケーキは、独特なスパイスを使いながらも食べやすく仕上がっている。2017年夏には、お店からほど近い上野町にカフェもオープン予定。そこでは美味しい焼き菓子がコーヒーとともに楽しめる。

中華街や山手の洋館など観光スポットの多いエリアではあるが、この店のパンを目当てに横浜まで足を運んでみるのも悪くない。ぜひオシャレな店内で、ワクワクしながらお気に入りの味を見つけてほしい。

右：ハワイのドーナッツ、「マラサダ」（160円）。砂糖をまぶしたプレーンの他、シナモンやクリーム入りもある。
左：「キャロットケーキ」（2円/g）。無造作に書かれた値段がアメリカン。

明るい店内にいつものパンたち 三溪園散策のお供にも

本牧クレール
住所：神奈川県横浜市中区本牧三之谷17-23
電話：045-621-8688
代表者：岡島雅泰
最寄駅：桜木町駅／根岸駅
営業時間：7時～18時
定休日：火曜
創業：1996年

上：欧州風外観の一軒家１階が店舗。下：店舗から三渓園へ至る桜道。

横浜市中区にある三溪園。重要文化財にも指定されているこの庭園に向かう桜道という名の桜並木に面してパン屋「本牧クレール」がある。フランス語で「明るい」を意味する店名どおり、店内は大きなガラス窓から外光が差し込み、明るく照らされたパンに食欲がそそられる。

「休日には三溪園を訪れる人も多く、自分が焼いたパンを多くの人に知ってもらえるという思いもありました」と語る店主の岡島雅泰さん（48歳）の言葉通り、三溪園散策のお供にパンを購入したり、その味を気に入り、お土産として買って帰ったりするお客さんも少なくない。

写真・文：堀松和人

エピ（麦の穂）の形に焼かれた「ベーコンフランス」（260円）。

バゲットより小ぶりな「フィセル」(ガーリック、バター各180円)。

パン生地を成形する岡島さん。

岡島さんは横浜生まれの横浜育ち。高校卒業後、建設会社に勤務したものの、ゆくゆくは家族で一緒にいられる仕事に就きたいと思い、飛び込みで見習いパン職人となった。磯子の老舗・小川ベーカリーなどでの勤務を経たのち、結婚を機に30歳で父親の土地の一部を譲り受け「本牧クレール」を開業した。

岡島さんがパン職人として最もこだわっているのがフランスパンと食パンだ。フランスパンは、バゲット、ベーコンフランス、チーズフランスなど、豊富な種類と素朴な味わいが楽しめる。食パンは生地にハチミツを入れることでキメの細かい、甘みのあるパンに仕上げている。

常連客を飽きさせないように工夫しているのが、季節限定アンパンだ。ゆず、梅、桜、珈琲、玉露、夏みかん、ラムネ、紅茶、落花生、パンプキン、栗、やきいも、など季節ごとに餡を入れ替えている。近所の年配者や子どもたちには、クリームパンやキャラクターのチョコクリームパンなどが人気だ。

他にも数多くの種類の菓子パンや惣菜パンを作っており、特にコロッケサンドは、粗めにひいた北海道産のジャガイモの甘さと同じく北海道産の牛ひき肉のうま味が絶品。要望に応えて、コロッケの単品販売をはじめたところ、一躍人気商品になったほどだ。

「パンを買いに来てくださったお客さまとふれあえること、人と人とのつながりを感じられることが嬉しい」と語る岡島さん。「本牧クレール」の清潔で明るい店内、光に照らされたパンからは、一人でも多くの人に自分のパンを食べてもらいたい、喜んでもらいたい、という思いがあふれ出している。

左:「コロッケサンド」(220円)の「コロッケ」(75円)は、単品でも購入できる。
右:初夏限定の「玉露アンパン」(150円)。

手作りパンから生まれる人と人とのつながり

ベッカライ徳多朗 yotsubako 店

住所：神奈川県横浜市都筑区中川中央1-1-5
電話：045-913-3200
代表者：徳永淳
最寄駅：センター北駅
定休日：水曜
創業：2011年

下：併設されたカフェの窓からは緑が見渡せる。

「パンを作る上で大事にしていることは、自分たちが美味しいと納得できるものだけを提供すること」語ってくれたのは、徳永淳さん（57歳）。横浜市にあるセンター北駅に隣接するビル yotsubako に店舗を構える「ベッカライ徳多朗 yotsubako 店」の店主だ。

カフェを併設する広々とした店内は大きな窓から緑が見渡せ、駅前とは思えない静かで落ち着く気持ちの良い空間だ。

今ではカフェを併設する大きな店舗を2軒構える「ベッカライ徳多朗」だが、もともと田園都市線の線路沿いに建つ18坪の小さな店舗からスタートしたパン屋だった。

写真・文：古矢さつき

店主の徳永さん。

自家製のカレーがたっぷりはいった豆のカレーパン 230 円（税抜）。

徳永さんは、パン職人の修行時代に奥さんである久美子さんと出会う。その後、2人の出身地に近いたまプラーザにパン屋をオープンする。店名「徳多朗」は、自らの名前の一字を入れるとともに、近所の人や子どもが親しみを感じられるパン屋でありたいとの思いからつけられている。「美味しいものを作るためには一から手作りをしないと」と、中の具材のほとんどは自家製だ。その言葉どおり、徳多朗のパンは具材がどれも驚くほど美味しい。味のしっかりしたカレーにはゴツゴツした個性のあるパン生地、フワッとしたミルキーな甘さが美味しいミルククリームは柔らかめのフランスパン生地が合わされ、様々なパン生地の美味しさを最良の引き立て役と共に楽しめるようになっているのだ。

パンが並ぶのは店内に入ってすぐカウンター。「徳多朗」ではカウンター内の店員に声を掛け、購入する対面販売を行っている。これはパン屋としては比較的珍しいが、「お客様とのコミュニケーションを大事にしたい」という徳永さんの考えで、開業前から対面式とすることは決めていたという。「お決まりでしたらお取りします」と気持ちの良い笑顔と共に声がかけられるとどこか心が温まる。

その心地の良い雰囲気はカフェや厨房でも変わらない。パン作りが佳境を迎える開店間際の厨房でも、職人たちは手早くもにこやかに作業を進めていく。そこには忙しい厨房にありがちなピリピリとした空気はなく、どことなく穏やかな空気が流れている。

徳永さんの人とのつながりを大切にしたいという思いが店の隅々まで行き渡っているような空間だ。「ベッカライ徳多朗 yotsubako 店」は、これからも美味しいパンとともに、ホッとできる空間も提供していく憩いの場所であり続けるだろう。

右：ミルククリーム（226 円）。
左：くるくるソーセージ（259 円）。

味を重ね過ぎずシンプルであること
毎日食べても飽きないパン作り

芦名ベーカリー　芦兵衛

住所：神奈川県横須賀市芦名1-31-3
電話：0468-56-0575
代表者：坂口勇介
最寄駅：逗子駅／新逗子駅
営業時間：8時〜16時（売り切れ次第終了）
定休日：月曜、第3火曜
創業：2013年

上：店舗外観。店の前には店主手作りのデッキ、ベンチが並ぶ。下：店主の坂口さん。

リゾート地葉山から134号線を南下していき、秋谷海岸入り口の信号を通り過ぎる。しばらく道沿い右方向を注意して見ていると、赤い暖簾のかかった黒いモダンな建物が見えてくる。その前に広がるデッキ、ベンチ、店の看板は全て店主の手製のものだ。暖簾をくぐると和風家具の上に色とりどりのパンが並んでいる。「芦名ベーカリー芦兵衛」を切り盛りしているのは店主・坂口勇介さん（39歳）。「味を重ね過ぎず、毎日食べられるシンプルでおいしいパンを作っていきたい」と自分のパンについて話す。

写真・文：坂泰史

左から、奥さん、娘、坂口さん、弟、スタッフ。

焼きたてをかってもらえるようなるべく焼く回数を増やしているという
青森産りんごを使用した「アップルパイ」（580円）。

坂口さんは高校卒業後、やりたいことが見つからず、なんとなく製菓製パンの専門学校に進むことを決めた。そこで2年間パンの製法を学び、地元の老舗パン屋「葉山ボンジュール」でパン職人として10年間勤める。

「そのパン屋で勤務するなかで自分だったらこうしたいという気持ちが高まってきたんです」と自らの店を持つことを決意。平塚に店舗を借り、念願のパン屋開業を果たす。しかし、素材やパンの製法にこだわり、営業を続けたが、なかなか軌道にのらず、5年後に閉店。パン職人をあきらめ家具屋に転職する。

その後3年間は家具屋として勤め、そこの社長から経営のノウハウを学ぶ。「平塚の独立時代には職人的な考えだったせいか、商売を分かっていませんでした。でも、そこの社長に経営を学び、『まだやり直せるから、もう一度やってみろ』といわれ、またパン屋を開業しようと決心したんです」と過去を振り返る。そして2013年、芦名ベーカリー芦兵衛を開業、現在にいたる。

家具屋を手伝っていたこともあり、店内には木目調に統一されたインテリアが広がり、坂口さんの家具のセンスがうかがえる。「どこどこの素材をつかって、この製法で作ってます、とこだわるのも必要ですが、頭で美味しいと理解していただくよりは、食べてもらって素直に美味しいと感じてもらえるパンを作ろうと思ったんです」。

価格帯も200円前後から300円弱のものが多く、買い求めやすい。店内が混んでいるときや、焼きたてなどを待つときは、店の軒下のベンチで待つのもいいだろう。「毎朝仕込みで2時に起き、休みもまともにとれないことが多いけど、今はパン屋をやって本当に良かった」と坂口さんは笑顔で話す。

右：優しい光が差し込む店内。
左：卵、乳製品を使わず、自家製酵母ときび砂糖で飽きない美味しさの「食パン」（一斤 280 円）。

店主の腕と人柄で作る ふっくら優しい町のパン

パン工房パナケナケ
住所：神奈川県藤沢市善行1-5-5
電話：0466-77-5997
代表者：小川洋平
最寄駅：善行駅
営業時間：7時30分～19時（日曜17時）
定休日：月曜、第3日曜
創業：2011年

上：店舗外観。下：「パン・オ・ショコラ」（200円）。

お昼前、レジには長蛇の列ができている。並んでいるのは、子どもから学生、OL、サラリーマン、お母さん、おばあちゃんまで、客層は幅広い。お客さんの選んだパンが新たに焼きあがると、店員が声をかけ、焼きたてのふっくらパンに交換してくれる。藤沢市善行にある「パナケナケ」である。食パンやバゲットをはじめ、惣菜パンや菓子パンなど、約100種類がズラリと並ぶ。その味はどれを食べても、どこか優しい味がする。

　そんな「パナケナケ」を切り盛りするのは、意外にも男性。店主の小川洋平さんだ。

写真・文：小林俊彦

店主の小川洋平さん。

「もともとパンが大好きというわけではなかったんですけどね」と語る小川さん。パン職人の道を歩むキッカケになったのは、大手製パンメーカーでアルバイトをしていたとき、「食べさせてもらったパンがすごく美味しくてパンって美味しいなと思うようになり、自分もこんなパンを作ってみたい！　と思ったんです」と、その美味しさに魅かれた。

パン職人になることを決めた小川さんは、都内のパン屋5軒を渡り歩き、修行を行った。パン屋開業のコンサルティング会社に入り、パン職人派遣として、横浜、仙台、福岡等のパン屋で研鑽。そうこうする内に、徐々に自分の店を持ちたいという思いが強くなってきた。

そして4年後の2011年、在籍していたコンサルティング会社の支援を受け、善行にて「パン工房 パナケナケ」を開業。「パナケナケ」という店名は、ニュージーランドに咲くキキョウ科の白い小さな花からとったもの。もともと花や樹木の名前に興味があり、店名は花や樹木の名前にすることを決めていたという。

人気のパンは、塩パンとサクサクメロンぱん。塩パンはフランス西海岸ブルターニュ地方で取れる海塩「ゲランドの塩」が絶妙の塩加減。サクサクメロンぱんは、その名の通り、表面がサクサクのビスケット生地、中はふっくらと、とても優しい味に仕上がっている。

「修行時代に培ったパン生地作りそのままでは面白くないと、ひとひねり手間かけて、ひと味違うパンを作ることを心がけています」と、自らの味を追求する。「パナケナケ」のパンの味は、小川さんの人柄そのものがパンの味となって常連のお客さんに優しい味を届けている。

右：「塩パン」（120円）。
左：ビスケット生地を使った「さくさくメロンぱん」（140円）。

店主の思いが詰まった自家製小麦が香る味わい深いパン

三浦パン屋　充麦

住所：神奈川県三浦市初声町入江54－2
電話：046－854－5532
URL：http://mitsumugi.web.fc2.com/
代表者：蔭山充洋
最寄駅：三崎口駅
営業時間：7時〜16時
定休日：火曜、水曜　※6月、11月の小麦種蒔き、収穫時は不定休
創業：2008年

上：落ち着きのある「充麦」の外観。
下：蔭山さん自ら栽培、収穫した三浦産の小麦。

京急線の終点、三崎口駅を降りて、のどかな畑道を眺めながら坂道を下る。道路沿いをまっすぐ進むと、住宅の合間に「三浦パン屋 充麦」の看板が目に入る。充麦とは店主の名前の充洋の「充」と、自家製小麦の「麦」を合わせた造語だ。

ガラスの引き戸から店内に入ると店主の好きな音楽が常に流れており、優しい笑顔の店員とパンの香りが出迎えてくれる。地元の人はもちろん、横浜や東京など遠方のお客さんからも愛される、三浦の小さなパン屋さんだ。

店主の蔭山さんとスタッフのみなさん。

「全粒粉 25」（300 円）。

店主の蔭山充洋さん（41歳）は横須賀で生まれ育った。音楽の専門学校に入学し、25歳まで横須賀のどぶ板で米兵相手にDJ活動とバーテンダーをしていた。朝方に帰る生活を変えたいという思いからパン屋に就職するが30歳で退職。

退職時にバックパックでフランスへ赴いた際、道に迷っているところを案内してくれた日本人男性と知り合う。男性の友人夫婦のパン屋を紹介してもらい、その時見たバケットの小麦が隣の農家の人が育てたものと知り感銘を受けたという。

近年、三浦では誰にも作られていなかった小麦を自ら育てることを決意し、同2005年に小麦作りをはじめる。3年後には、小麦畑のある三浦で「充麦」をスタートさせた。

「充麦」では蔭山さん自ら小麦の栽培、収穫、全粒粉の製粉を行っている。自家製の小麦に合わせて、パンの種類に合った小麦をブレンドしているのだ。小麦は1年で1500kg収穫。余ったふすまは新たな小麦の畑の肥料となる。窯は遠赤外線の溶岩窯を使用。表面だけでなく中まで熱が入り、中はしっとりと仕上がるのが特徴だ。

店頭には定番のパンから、「充麦」ならではの全粒粉入りのアレンジされたパンが並ぶ。中でもオススメは、全粒粉25。粉・水・塩・酵母のみで作られており、砂糖が入っていなくても咀嚼するたびに口の中に小麦の甘みが広がる。また、季節のフォカッチャはその時々で採れる季節の三浦野菜が楽しめる。

パンの他にも自家製小麦から作った小麦茶、ビール、三浦で採れたはちみつが並ぶ。

「ゆくゆくは夜にバーも営業したい。どんどんアップデートしたい」と語るように、「充麦」には、DJ、バーテンダー、そしてパン職人と蔭山さんのすべてが詰まっている。

右：「自家製小麦ビール mitsumgi wheat beer」（800円）他。
左：上「いちじくとクルミ」（335円）。下「オリーブとローズマリー」（280円）。

Photographer's Profile

新井基喜（**Motoki Arai**）
東京都文京区出身。学習院大学卒。気象予報士の資格を取得し気象会社に勤務。その後カメラマンに転身。主な作品群「歩いて巡る琵琶湖疏水、三井寺～山科～蹴上」「裏千家茶会」。好きな言葉は「情けは人のためならず」。
32-37

荒木哲也（**Tetsuya Araki**）
福岡出身の32歳。好きな写真は風景写真やコラージュ写真。
58-61

有賀由理（**Yuri Ariga**）
大学卒業後、写真館勤務。主に白黒フィルムを現像、プリント。現在は、ポートレートと猫を中心に撮影中。東京都出身。
198-201

一浦　聡（**Satoshi Ichiura**）
１９８２年、東京都台東区生まれ。10年ほど印刷関係に携わっていたが、実家の写真館を手伝うため写真の道へ。現在は台東区内の学校を中心に、撮影をしながら日々勉強中。
54-57

稲垣めぐみ（**Megumi Inagaki**）
愛知県出身。フェリス女学院大学卒。キッズフォトを中心に活動中。家族の日常や記念日を自然かつ印象的に写し出す。その他、イベントや企業パンフレット等の撮影も行う。
220-225

大石ちひろ（**Chihiro Oishi**）
１９８６年３月13日生まれ、静岡県掛川市出身。２０１３年10月からdear=flip(future leave important photo)を立ち上げ、フリーカメラマンの道を歩みはじめる。
88-93, 94-99

太田梨奈（**Rina Ota**）
アメリカの大学院卒業後、海外通信社を経てフリーに。報道の経験と語学力を活かした取材が得意。東京を基盤にシンガポール、インドネシアのビンタン島で挙式の撮影や手配にも携わる。Rina-Ota.com　FB:RicafePhoto
44-49, 50-53, 78-81, 112-115, 178-181

小野寺　史（Aya Onodera）
北海道札幌市生まれ。高校では部員一人の写真部でフィルム現像、手焼きを学ぶ。トイカメラやポラロイドカメラ、ライカなどのクラカメも好き。いろいろなカメラと一緒に、何気ない日常の幸せな瞬間を掬い上げる。
16-21

勝又綾佳（Ayaka Ktsumata）
北海道生まれ。国際支援に興味を持ち、東京にて救急科で看護師として働く。その後、様々な国を周り、写真と音楽で他の民族性を紹介していきたいと思い立ち、本校へ。他校で音楽を学ぶ。
62-65, 106-111, 254, 256

工藤直人（Naoto Kudo）
１９８９年静岡県生まれ。ＥＳＰギタークラフトアカデミーにてギター製作を学ぶも、写真に魅了されその道へ。東京写真学園プロカメラマンコース在学中。主に音楽イベントで撮影を行っている。
126-129

久原健吾（Kengo Kuhara）
神奈川県出身葉山町在住。サーフトリップで訪れたモルディブの美しさに魅了され、カメラを持つ。現在は、生まれ育った湘南の海、サーフィンやヨガをテーマとして撮影。
172-177

熊谷真希子（Makiko Kumagai）
１９８３年９月１日東京都八王子市生まれ。学生時代は油絵の古典技法を学ぶなど、美術に没頭する。映像制作などを経て写真の道へ。ダンサーや舞台人などのポートレートを中心に撮影している。
202-207

小林鉄兵（Kobayashi Teppei）
北海道函館市出身。カナダ・ノバスコシア州への留学や、国内でのロッククライミングや登山をきっかけに写真を始める。風景やポートレートの他、創作的な作品制作にも意欲的。英語が話せて岩壁も登れる写真家を目指している。
82-87

小林俊彦（Toshihiko Kobayashi）
大井町生まれ雑司ヶ谷育ちで藤沢大庭在住、お洒落な街と忘れかけた昭和を探して日々徘徊、ストリートスナップ、jazz中心のバンド撮影、スイーツ撮影で活動中。作品群：東京の向こう側、cool jazz など
166-171, 240-243

小林優策（Yusaku Kobayashi）
中国北京生まれ。20年間商社貿易勤務。2010年よりフリー。世界各地の風景、ポートレートなど、幅広いジャンルを撮影。
142-145

齋野奈津子（Natsuko Saino）
映像の世界でTV、映画、ブライダルを学び、高速な時代の移り変わりの時代の中で一眼レフ映像に魅了されたのをきっかけに、本格的に写真撮影技術を学び始める。現在、都内スタジオにてポートレートを中心に活動中。世界のFashionファッションをテーマに枠を超えた表現を撮り続けていきたい。
10-15

坂泰史（Yasushi Saka）
横須賀生まれ。2000年、あるカメラのワークショップに参加。操作もよくわからないまま3日間ひたすら新宿を撮り続け、カメラの楽しさを知る。写真とは「何かの機会を得ることだ」と教わり、行動すること、出会うことを大切にし、現在は人を中心に写真を撮りつづける。
236-239

澤田　潮（Ush Sawada）
東京生まれの日系オクラホマ人。オクラホマ大学で心理学教授を務め、現在は東京のインターナショナルスクールでカウンセラーとして働きながらカメラマンとして活動している。人には必ず“美しさ”があり、それを見つけて見せびらかすのが自分の仕事だと思っている。
208-213

柴田恵理子（Shibata Eriko）
東京都出身。早稲田大学卒業後、航空会社へ就職。運航管理者、客室乗務員を経てこれまでに訪れた国は58カ国。学生時代に留学以来、通算20回以上訪れているスウェーデンを中心に旅の写真を撮り続けている。作品は随時ZINEにて発表中。
100-105, 116-119

関根亜矢子（**Ayako Sekine**）
１９８６年埼玉県生まれ。趣味で撮り続けていた写真をもっと勉強するため、会社員を辞めて東京写真学園に入学。「これなに？」と言われるようなちょっと不思議な雰囲気の風景写真を撮るのが得意。
182-187

武本淳美（**Atsumi Takemoto**）
【影】と人間の【眼差し】が大好きな写真家。過去『泥酔』『迷』『喜怒哀楽』をテーマとする作品を残すなど、少し奇妙な四国生まれの女写真家である。
38-43

田中夕郁子（**Yukako Tanaka**）
神奈川県三浦市出身。コンサートホールのレセプショニストとして就職。その後、東京写真学園プロカメラマンコースにて写真を学ぶ。「生を感じる写真」をテーマに作品制作を進めている。
244-247

鳥飼美菜子（**Minako Torikai**）
7月17日生まれ。福岡出身。
120-125

中田壮是（**Takeshi Nakada**）
１９７２年生まれ。埼玉県川越市出身。１９９８年よりスキューバダイビングを始め、２００４年より海で出会った魚たちの表情を伝えたいと思い写真を撮り始める。現在はＷｅｂデザイナーとして働きながら、素材や人物の撮影を行っている。
72-77

永易里美（**Satomi Nagayasu**）
愛媛県松山市出身。大学院在学中に写真を撮りはじめる。普段は主に水辺や植物、聖地などの風景を撮影。
66-71

長谷川圭佑（**Keisuke Hasegawa**）
大学時代に人物写真を撮りはじめる。２０１５年に4年間勤めた会社を辞め、東京写真学園に入学。現在は写真家として自身の作品制作を続けながら、人物写真を中心に依頼を受け撮影をしている。
162-165

藤井祥子（Sachiko Fujii）
神奈川県横浜市育ち。旅と音楽と映画が好き。様々な美しい景色、人々との出会いの中で、ある旅人に見せてもらった風景写真に感動し、いつしか写真を勉強したいと思うようになる。現在は様々な被写体と向き合い、自分の写真を模索中。
136-141

古矢さつき（Satsuki Furuya）
人、子供の撮影が専門。ブライダルフォトグラファー、キッズスタジオの勤務経験を経て、現在は出張撮影をメインとして撮影を行っている。
232-235

堀　由実（Yumi Hori）
１９８４年生まれ山形県酒田市出身。趣味はパン作り。祖父が衝動買いした一眼レフを使わせてもらったことをきっかけにカメラを持つ。アパレルデザイナーの兄と共同で写真をテキスタイルにしたアパレル作品を制作。作品群に『LOOPTOKYO』等がある。
22-27, 130-135

堀松和人（Kazuto Horimatsu）
神奈川県立横浜緑ヶ丘高校卒業。慶應義塾大学理工学研究科修士課程修了。フリーランスフォトグラファー・シネマトグラファー。舞台撮影、建築写真、都市景観写真を中心に活動中。トロンボーンプレーヤーでもある。
226-231

松澤咲英（Sakie Matsuzawa）
１９８８年生まれ。神奈川県出身。早稲田大学を卒業後、生命保険会社に入社するが、出版社に転職。編集者として新たなキャリアをスタートさせる。休日は、大好きな「空」や美しいと感じる「街並み・風景」を中心とした写真の撮影をしている。
214-219

村上由美（Yumi Murakami）
１９８０年生まれ。千葉県出身。ブルーインパルスと自衛隊員をもっと近くで、もっと上手に撮るために写真を学びだす。
152-155

森川真由美（Mayumi Morikawa）
１９８７年生まれ。和歌山県出身。旧：大阪外国語大学にてスワヒリ語を専攻。現在は外資コンサル会社にてＩＴコンサル業を勤める傍ら、フォトグラファーとして活動。「少女性」のあるポートレイトを主に撮影。
28-31, 146-151

山内　翼（Tasuku Yamauchi）
１９７９年４月６日生まれ。大阪府出身。ニューヨークの大学へ進み、授業でカメラを触るうちに写真に興味を持つようになる。現在の野望は写真と一見関係のない何かを掛け合わせ、新たな様式を作ること。
188-193

山田博美（Hiromi Yamada）
千葉県柏市出身。学生時代はバスケット部、写真部に所属。音楽好きが高じて２００５年頃からロックバンドのステージ写真を撮り始める。いつも被写体に対して愛情をもって撮影することを心がけている。
194-197

渡辺蕗子（Fukiko Watanabe）
福岡出身。映画関係の仕事の傍ら写真を取り続ける。年間に鑑賞する映画は約１００本。映画も写真も、静けさのある画が好き。
1, 156-161

【Beretta】

東京写真学園／写真の学校の在校生・卒業生による写真家集団。写真集に『東京築地』、『東京職人』、『東京町工場』、『東京貧乏宇宙』、『東京百年老舗』、『東京×小説×写真』、『foregner's table』、『OBENTO WONDERLAND』、『115 Handmade Stories』、『LOVE YOU』、『We Love Photobook』、『フォトサプリ』シリーズなどがある。


【東京写真学園／写真の学校】

「写真は楽しい。撮る技術が身につけばもっと楽しい」を基本理念に2000年10月、東京・渋谷に開校。3面の大型ホリゾントスタジオ、ハウススタジオなどプロ育成のための教育設備を持つ。プロの機材、プロのスタジオ、プロのスタッフによる徹底実習。プロカメラマンコースは「プロカメラマンが絶対教えたくないことを教えます」がテーマである。

http://www.photoschool.jp/

東京パン職人

著：Beretta（ベレッタ）

2016年8月25日　初版1刷発行

発行人：柳谷行宏
発行所：有限会社雷鳥社
〒167-0043 東京都杉並区上荻2-4-12
tel 03-5303-9766　fax 03-5303-9567
http://www.raichosha.co.jp
info@raichosha.co.jp
郵便振替　00110-9-97086

編集：柳谷杞一郎
制作進行・編集：中村徹
編集協力：望月竜馬
ブックデザイン：植木ななせ

定価はカバーに表示してあります。本書の無断転写・複写はかたくお断りいたします。

著作権者、出版者の権利侵害となります。万一、乱丁、落丁がありました場合はお取り替えいたします。

©raichosha 2016
ISBN978-4-8441-3698-9　C0077
Printed in Japan